KB275730

SMART TRAVEL

스마트한
여행의 조건

김다영 지음

이덴슬리벨

C.o.n.t.e.n.t.s

Part I 스마트하게 시작하는 나를 위한 여행

Chapter 01 지금이 기회다, 떠나라!

Chapter 02 스마트한 나만의 맞춤 여행 준비법

Chapter 03 여행가방에 담아온 다른 세상

Chapter 04 다른 세상을 만나는 기간별 맞춤 여행

나의 첫 해외여행은 21살 때 대학교에서 선발한 '해외견문단' 프로그램을 통해 떠났던 터키와 그리스 배낭여행이었다. 항공료를 학교에서 부담하는 대신 해당 지역의 도시 관광 보고서를 제출하는 미션을 완수하는 일종의 프로젝트였다. 주머니 빠듯한 대학생 시절에 최소한의 예산으로 1개월간 배낭여행을 할 수 있는 천금 같은 기회를 놓칠 수 없어, 별다른 준비도 없이 조를 짜서 무작정 떠났다. 태어나서 처음으로 맞닥뜨린 생경한 이슬람 문화와 카파도키아의 장엄한 자연, 책에서만 봤던 그리스 유적들이 눈앞에 펼쳐졌던 30일간의 터키 일주 여행은 나의 미미했던 세계관에 거대한 여운을 남겼다.

'여행'이 내 삶에 들어온 이후로는 세상을 보는 프레임이 수천 배는 훌쩍 커진 느낌이었다. 한국에서 못 배우는 걸 나가서 배울 수 있다고 확신한 후로, 어쨌든 난 떠나야만 했다. 그러나 여행을 갈망하는 딱 그만큼, 현실은 차갑게 다가왔다. 고시생이 많기로 유명한 학교에서 전공마저 경제학이었던 내 주변에는 모두가 똑같은 길을 향해 똑같은 속도로 뛰고 있는 친구들뿐이었다. 넉넉하지 못한 집안 형편에 등록금까지 벌어 부담하던 상황에서, 해외여행을 자비로 간다는 건 공부를 때려치우고 돈을 벌지 않는 이상 불가능에 가까웠다. 결국 나의 유일한 무기, JQ잔머리를 굴리는 수밖에.

그때부터 나의 20대는 '외국에 보내준다'는 슬로건이 걸린 해외 탐방 프로그램과 인턴십으로 촘촘히 메꿔졌다. 처음에는 무조건 해외만 나가면 된다는 단순한 동기로 참가했지만, 반복되는 해외 탐방 경험은 서서히 '자기교육 프로그램'으로 진화했다. 처음에는 피 튀기는 경쟁에서 악착같이 거머쥐는 공짜 항공권이 짜릿한 희열을 안겨주었지만, 여러 차례의 단체 생활과 미션 수행 속에서 욕심사납고 편협했던 그동안의 내 자신을 되돌아보는 계기가 되었다. 학교에서는 1년이 지나도 얄팍한 전공 지식 하나 건지기도 어려웠는데, 단 몇 차례의 해외 탐방 후에는 그 전의 내 모습을 상상조차 못할 만큼 훌쩍 성장해 있음을 피부로 느꼈다. 이후 남은 대학생활의 대부분은 학점과 토익 준비에서 벗어나 인턴십과 영어 회화 공부, 그리고 '여행'으로 자연스럽게 옮겨갔다.

졸업 후, 대학 시절의 다양한 해외 탐방 경력에 힘입어 유명 여행잡지의 취재기자로 일하게 되었다. 여행이 자기계발 수단에서 '직업'으로 바뀌는 순간이었다. 취재를 위해 해외 출장을 여러 차례 다니면서 여권의 도장이 하나둘 늘어갈수록, 내 일상과 취향도 더욱 풍요롭고 다양해졌다. 세계에서 가장 노래 잘하는 가수들이 필리핀에 널려 있다는 사실도, 일본에는 도쿄와 오사카 말고도 볼거리, 먹거리 풍부한 소도시가 그렇게 많이 숨어 있다는 사실도, 모두 출장 중에 우연히 보고 듣고 맛보면서 알게 된 것이다. 그런 점에서 여행 기자는 월급 말고도 저절로 얻는 게 참 많은 직업이다. 함께 일하는 선배 기자들 역시 캐나다 출장에서 먹었던 맛있는 빵이 그리워 틈틈이 배운 제빵 기술로 빵과 과자를 구워오기도 하고, 하와이 출장에서 마셨던 코나 커피에 꽂혀 손수 드립 커피를 내려 마시기도 하고, 중국 출장에서 사온 시퍼런 색깔의 치파오를 걸쳐 입고 용감하게 출근하기도 했다. 여행 기자의 부작용이 있다면 '눈과 입의 경험치는 점점 높아져 가는데 지갑은 안 따라주는 것' 정도랄까.

이후 기자에서 홍보직으로 커리어를 전환하면서, 그동안 쌓은 여행 노하우가 아깝기도 하고 계속 여행을 하게 될 것 같아서 별 고민 없이 여행을 주제로 한 블로그를 만들었다. 카테고리 기획부터 제작, 홍보까지 혼자 해야 하는 '1인 미디어'로서의 블로그 운영은 놀랍게도 또 다른 여행의 기회로 돌아왔다. 여행을 테마로 한 블로그 〈로망여행가방〉은 여가 시간이 늘어나는 주 5일제와 맞물려 적잖은 주목을 받았고, 오히려 기자 시절보다 더 많은 해외여행 기회를 만나게 된 것이다. 모든 것이 블로그를 본격적으로 시작한 지 불과 6개월도 안 되어 벌어진 일이었다.

여행기를 블로그에 연재하는 일은 귀찮기보다는 여행만큼이나 설레고 즐거운 일이었다. 무엇보다도 '여행 블로거'라는 타이틀을 단 이후로는 여행 기자처럼 직업적 부담을 가지고 떠나지 않아도 되는 데다, 남들이 여행하기 위해 돈을 벌 때 '여행도 하고 일도 하는' 삶을 살게 되었다.

하지만 전직 여행 기자라는 타이틀이 무색하게도, '여행'의 본질을 깊이 알기 위해서는 수많은 시행착오를 거쳐야만 했다. 지금껏 스쳐간 전 세계 40여 도시들과의 인연도 순수한 여행보다는 취재를 목적이었던 적이 많았기 때문이다. 여행이나 출장을 경험하던 초반에는 온전히 그 곳을 음미하고 돌아온 적이 거의 없었다. 항상 뭔가를 기록하고 주워 담느라 바쁘게 움직이는, 소위 한국식의 본전을 뽑아야만 비로소 그 도시를 다녀온 것 같았다. 그러다보니 문득 아직 제대로 된 여행을 해본 적도 없고, 여행할 마인드도 준비되어 있지 않다는 생각이 들었다.

그래서 본격적으로 블로그에 여행기를 연재하면서부터는 해외에 나가기 전에 체계적으로 현지 정보를 수집하고 준비하는 습관을 들이기 시작했다. 호텔 하나를 예약할 때도 디자인과 인테리어를 유심히 살피고, 커피 한 잔을 마시러 갈 때도 가급적 가이드북에 소개되지 않은 현지인의 최신 스팟을 찾아다니기 시작했다. 현지인, 혹은 현지에 사는 한국 사람과 인터뷰를 하면서 그들의 라이프스타일을 관찰하고, 내 삶에 좋은 점을 적용하려고 노력했다.

그 과정에서 나이의 앞자리도 바뀌면서 자연스럽게 20대 시절의 치기 어린 여행과는 질적으로 다른 여행을 할 수 있게 되었다.

여행이 특별한 이벤트가 아니라 삶의 연장선상이자 자기 발전의 도구가 될 수 있음을 30대가 되어서야 알게 된 셈이다. 그래서 같은 비용을 들여 더 좋은 것을 보고 느끼려면 그만큼의 노력과 준비가 필요하다는 간단한 진리를, 그리고 그렇게 떠난 여행에서 얻어온 소중한 인사이트를 이 책을 통해 나누고 싶었다. "같은 비용과 시간을 투자해 좀 더 좋은 볼거리, 먹거리, 할거리를 즐기고 돌아오자"는, 똑똑하고 특별한 여행법을 제안하고자 한다. 여행지에서 경험하는 모든 볼거리, 먹거리, 할거리는 나의 미래에 직간접적인 투자이자 인풋 Input 으로 작용해 생산적인 삶을 꾸리는 데 도움을 준다.

여행과 일상을 분리하지 말고 여행으로 일상을 더욱 풍요롭게 만들어 보자. 이러한 여행을 떠나기 위해서는 남들과 같은 일정과 정보를 준비하면 안 된다. 또한 지금까지 해외여행에 대해 가지고 있던 일반적인 인식의 패러다임을 완전히 바꾸어야 한다.

자, 이제부터 '나를 채우는 여행'을 꿈꾸며 짐가방을 싸게 될 당신의 새로운 모습을 상상해보자. 그리고 지금 바로 떠나자.

2013년 3월

김다영

Part I

스마트하게 시작하는
나를 위한 여행

Chapter 01

지금이 기회다, 떠나라!

스타일이 살아 있는 여행을 꿈꿔라

우리가 짧은 생을 살면서 특별한 곳으로 여행을 떠날 기회는 흔치 않다. 특히 평범한 한국인이 해외를 나갈 수 있는 기회는 1년에 많아야 두세 번이다. 하지만 그 한정된 시간을 설계할 때는 너무나도 쉽게 다른 사람의 손여행사, 혹은 동반자에 맡겨 버린다. 심지어 내 돈을 주면서 '취향'도 대신 만들어달라고 하는 셈이다. 이에 대한 결과는 한국인들이 바글바글한 쇼핑몰 어딘가, 혹은 전 세계에 수백 개

체인이 있는 표준화된 호텔 객실에 도착했을 때 극명하게 드러난다. 패키지나 패키지 자유여행 상품을 구매하는 순간, 당신의 여행은 도시와 상관없이 비슷해진다. 만약 이런 여행에 만족한다면, 그것은 취향의 문제다. 즉 여행 패턴만 봐도 그 사람의 라이프스타일을 어느 정도 알 수 있다. 즉, 여행을 대하는 자세는 자신의 삶을 대하는 자세와도 같다. 그렇다면 취향이 있는 확실한 여행자의 준비 과정은 어떤지, 한번 들여다볼까?

직장생활 6년 차에 접어든 31살 싱글녀 김 대리. 대기업에 비하면 넉넉한 연봉은 아니지만 꼼꼼한 재테크로 어느 정도 여유자금도 보유하고 있고, 1년에 한두 번은 해외여행을 다니려고 노력한다. 여행지를 선택할 때는 관광코스나 휴양지보다는 예쁘고 독특한 호텔이 있는 도시, 창의적인 아트와 디자인 요소가 많고 아이디어를 많이 얻을 수 있는 참신한 트렌드가 숨겨진 도시를 고른다. 여행사 사이트 상품은 거의 들여다보지 않거나, 보더라도 가격만 참고하는 정도다.

그녀가 가장 먼저 접속하는 사이트는 항공권 가격 비교 사이트. 원하는 도시의 항공권을 2~3개월 전부터 검색해 저렴한 가격에 확보해 놓는다. 가장 중요한 숙소 역시 호텔 예약 전용 사이트를 꼼꼼하게 비교해 리뷰와 가격 등을 고려해 예약한다. 여행 정보는 현지 거주자들의 블로그나 《월페이퍼 시티 가이드》 같은 셀렉트 가이드북을 통해 신중하게 수집한다. 현지에서는 스마트폰의 다양한 어플리케이션과 GPS 기능을 십분 활용해 최신 여행 스팟을 찾아다닌다.

자, 이쯤 되면 여행 좀 해본 당신의 머릿속에 마구 떠오르는 조건반사적 질문이 몇 가지 있을 것이다. "항공과 숙소를 따로 예약하면 패키지보다 비싸고 번거롭지 않은가?" "그냥 포털 사이트의 블로그와 카페에서 수집한 여행 정보로 충분하지 않나?" "스마트폰이 실제 여행에 도움이 되나? 한국에 있는 지인들이랑 문자나 주고받는 자동 로밍 용도 아닌가?" 등등.

사실 수년 전부터 부티크 호텔과 디자인 호텔 열풍이 여행 얼리어답터 사이에서 불기 시작했지만, 아직 한국 여행자에게는 생소한 개념이다. 아직도 5성급 호텔의 판에 박힌 서비스와 음식에 만족하는 한국인들이 많기 때문이다. 왜 우리는 가이드북에 나온 명소를 기준으로 여행 일정을 짜고, 현지 쇼핑보다 면세 쇼핑에 열광하며, 쾌적한 쇼핑몰과 뻔한 고급 호텔을 헤매며 온 하루를 다 보내는 여행을 하는 것일까. 어떤 직장인들은 트렌디한 스팟으로 돈 들여 여행을 떠나는 행위를 마치 '원래부터 내 라이프스타일'인 척하지만, 실제 그 속을 들여다보면 자신만의 스타일과 철학은 텅 비어 있고, 그 자리는 남들에게 사진 찍어 보여주기 위한 일정이 대신한다. 한국인의 후기가 수두룩한 유명 맛집에 찾아가 안도의 한숨을 내쉬며 남의 경험을 내 취향인 양 위장하는 자유여행은 이미 수많은 포털 블로그와 커뮤니티를 지배하고 있다.

정작 자신이 진짜 좋아하는 것이 무엇인지 정확히 알고 이를 꼼꼼히 모아서 나만의 여행을 디자인하기는 쉽지 않다. 이는 다시 말하지만 취향의 문제다. 여행도 분명 삶의 일부이며, 동시에 매우 한정된 자원이기 때문에 가장 섬세한 플랜이 필요하다. 어떤 레스토랑과 카페와 호텔을 선택하느냐 하는 사소한 일상의 순간이 모여 결국 그 사람의 라이프스타일을 완성하는 것처럼, 여행지를 즐기는 방식을 자신의 욕구에 최적화시켜 움직이는 '스타일' 자체가 강력한 콘텐츠가 되는 시대다. 당신은 어떤 스타일을 지닌 여행자이고 싶은가?

관광과 여행은
원래 다르다

당신은 지금 어떻게 떠나는가? 그토록 갈망하는 '떠남'의 목적은 무엇인가? 우리가 지금까지 해온 여행은 관광일까, 여행일까? 사실은 이 두 개념조차 한국 여행시장에선 명확히 정립되어 있지 않다. 둘 다 '떠나다'를 표현하는 단어로 두루뭉술하게 쓰이고 있다. 여행사가 제안하는 자유여행 상품이 우후죽순 늘어나는 요즘, 관광과 여행을 뚜렷하게 구분 짓기는 쉽지 않다. 관광으로 떠났지만 여행으

● ● 일본 최고의 휴양지 오키나와의 맑은 하늘.

로 진화할 수도 있고, 여행으로 떠났지만 관광보다 더 못한 구경만 하게 될 수도 있다. 하지만 현재 한국 여행시장의 극명한 이원화^{패키지vs자유}의 환경에서 볼 때, 대부분의 한국인이 '왜 떠나는가?'에 대한 답은 크게 두 가지 의미로 정리할 수 있을 것 같다.

새해가 되면 직장인들은 달력을 편다. 금쪽같은 공휴일 스케줄을 확인하기 위해서다. 퍽퍽하다 못해 도망치고 싶은 일상 속에서 우리가 유일하게 꿈꾸는 것은 빨간 날과 검은 날을 적절히 조합한, 이른바 황금연휴를 보람차게 보내는 거다. 뜨거운 햇살 아래서 두 다리 쭉 뻗고 누워 지내는 그림 같은 남국 휴양지에서의 한때. 그날을 위해 우리는 일상을 꾹꾹 참고 버틴다. 하지만 여행사의 화려한 선전과 환상적인 일정에 낚여서 서둘러 예약을 하고, 한껏 부푼 기대로 비행기를 타고, 마침내 대망의 여행을 마치고 돌아왔을 때, 당신은 그 금싸라기 같은 휴가에 충분히 만족했는가? 천편일률적인 휴양지 여행 상품들, 당신은 그 속에서 얼만큼 즐겁고 알찬 여행을 했는가?

나는 언젠가부터 '관광'이라는 단어에는 왠지 거부감이 있었다. 사람들이 물건을 사듯 손쉽게 패키지 상품을 사서 남들과 똑같은 루트로 돌다 오는 여행은 '여행' 같지 않았다. 항공권을 따로 끊고, 숙소는 현지에 가서 대충 해결하고, 좌충우돌 부딪혀가며 하나하나 배워가는 여행만이 진짜 여행이라고 굳게 믿었다.

그러나 사회생활을 하면서 만난 대부분의 사람들은 여행을 단순히 '휴식' 혹은 '관광'과 동일시하고 있었다. 해외여행과 국내여행의 방식이 전혀 차이가 없고, 굳이 달라야 한다고 생각하지도 않는다. 오직 새로운 곳에 대한 두려움을 최소화하기 위한 일정을 짜는 데에 몰두하는 경우가 많다. 자연스럽게 여행사의 편리한 패키지 상품에 눈길이 가고, 결국은 이런저런 상품끼리 비교하다 결제하고는 뭔가 해냈다는 마음으로 안도하게 된다. 여행을 스스로에 대한 '투자'의 개념보다 힘들게 일한 안쓰러운 나에 대한 '보상' 개념으로만 접근하다 보니, 기껏 비싼 비행기 값과 호텔비를 내고 어렵게 다녀온 여행 이후의 삶은 여전히 그대로다.

아마 이 글을 읽는 독자들도 아직은 이런 막연함을 지니고 있으리라. 해외여행을 떠올리면 뭔가 두렵고, 남들 다 가는 관광지에 나만 안 가면 왠지 손해 본 것 같고, 현지인과 만나고는 싶지만 어떻게 해야 할지 방법도 모르겠고. 그래서 결국 큰맘 먹고 간 타지에서 겨우 남겨오는 건, 몇 장의 식상한 사진과 뻔한 기념품뿐이다.

그런데 한 번만 더 곰곰이 생각해보자. 관광과 여행은 그 목적 자체가 매우 다르다. 당연히 목적지도, 방향성도 완전히 다르다. 우리가 관광을 떠나는 목적은 한 가지다. '단조로운 일상에서 최대한 빨리, 쉽게 빠져 나오는 것'이다. 그래서 소위 유명 관광지나 휴양지라 불리는 곳에는 우리네 삶을 그대로 투영하는 비루한 일상 따위는 목격하기 어렵다. 최대한 화려하고 비현실적인 것들이 우리의 욕망을 충족시켜 준다. 그것은 새로운 쇼핑 지구일 수도 있고, 리조트 앞에 펼쳐진 바다일 수도 있고, 거대한 놀이동산일 수도 있다. 그것이 관광지의 대체적인 특성이다. 우리는 관광에서 짧은 유희를 만끽하고, 다시 지옥 같은 일상으로 돌아와 언젠가 떠날 진짜 여행을 꿈꾼다. 결국 관광과 일상은 철저하게 분리된다. 그나마 순간순간 얻었던 자유로운 사고와 번뜩이는 아이디어들은 일상에 파묻혀 온데간데없이 사라져 버린다.

하지만 여행은 다르다. 모든 걸 버리고 떠나는 게 '여행'이다. 때문에 여행자가 되기로 마음을 먹은 사람은 가능한 한 삶의 반경에서 멀리 떨어진 지역을 선택한다. 단지 지리적으로 먼 곳이 아니라 맘을 단단히 먹지 않으면 쉽게 갈 수 없었던 곳 말이다. 혹은 흔한 여행지라도 한 지역에서 장기 체류하거나 단체 관광객들의 루트와는 완전히 다른, 현지인과 가급적 밀착된 장소를 선택해 머무는 방식을 택한다. 어느 정도 시간이 지나 주변을 살필 수 있는 여유가 생기면, 비로소 여행자는 현지인의 일상과 좋든 싫든 마주하게 된다. 그리고 그들의 삶을 보면서 깨닫는다. 처음에는 '다름'을 체험하기 위해 왔지만, 결국 그들과 우리의 삶이 '같음'을. 여행자가 다시 제자리로 돌아왔을 즈음, 그 자리는 더 이상 이전과 같지 않으며, 여행자 스스로도 더 이상 이전과 같은 사람이 아니다. 모든 것이 조금, 혹은 많이 변화한다. 그러한 떠남이 바로 '여행'이다. 텅텅 비우고 떠난 여행의 귀국행 비행기에서 머리와 가방 속 가득 무언가로 채워진 자신을 발견하게 된다. 그 채워진 무언가는, 아마도 여행이 끝난 후 일상

으로 돌아갔을 때 '여행 같은 일상'을 살게 해줄 보석 같은 아이디어
와 아이템일 것이다. 당신에게 추천하는 여행은 바로 이런 여행이다.

자유여행은
나만의 테마를 세울 때 시작된다

요즘 FITForeign Independent Tour 추세에 따라 '자유'를 외치는
개별 여행자가 늘면서 여행사의 무책임한 자유여행 패키지 혹은 에
어텔 상품이 우후죽순으로 쏟아지고 있다. 이 자유시간을 적절하게
활용하는 여행자는 과연 얼마나 될까? 여행사들은 '항공권+호텔'
로 이루어진 자유여행 패키지를 덜렁 내놓으면서 정작 필수적인 여
행 정보는 제공하지 않는다. 일정표에 표시된 '추천 코스'가 전부다.
당연히 이것에만 의지할 수 없기에 여행자들은 철저한 사전 준비를
해야 한다. 결국 웹서핑을 통한 정보 수집, 별도의 가이드북을 고르
고 구입하는 데 드는 시간과 비용, 현지에서 시행착오로 잃어버리는
금쪽같은 시간, 삽질로 인한 추가 비용, 일정 부재로 인한 무료함까
지…… 이 모든 것들은 실제 여행지에서 느끼는 즐거움을 상당 부분
상쇄할 만큼 위협적이다. 불행하게도 이렇게 어설픈 패키지 상품을
선택하는 대다수의 여행자가 해당 지역이 첫 방문이거나, 혹은 해외
여행 자체가 처음인 경우가 생각보다 많다.

가령 모처럼 생긴 연휴 기간, 효도 한번 해보겠다고 어머니를 모시고 처음으로 미국 여행을 떠나기로 결심했다. 목적지는 미국 서부의 샌프란시스코. 대중교통이나 관광 인프라가 잘 갖춰진 미국의 몇 안 되는 관광도시여서 그다지 걱정은 없었지만, 아무래도 초행길이니 숙소 예약마저 안 하고 가면 막막할 것 같았다. 그래서 국내에서 가장 유명하다는 모 여행사에서 항공권과 호텔이 결합된 에어텔 상품을 예약했다. 항공권과 호텔을 따로 예약하는 것보다 비용이 저렴하다는 것이 주된 이유였다. 그러나 이 여행에 대해 나의 의견을 얘기하자면, 가격이 싸고 편리해서 여행사 상품을 이용하는 건 사실 따져보면 그리 실익이 없다. 해외여행을 재차 떠날 계획이 있다면 항공 마일리지가 여러 모로 유용하게 쓰이기 때문에, 미주나 유럽 같은 장거리 여행 시에는 마일리지도 항공권 금액만큼이나 따져보고 체크해야 할 사항이다. 그러나 대부분의 패키지 상품에 포함된 할인 항공권의 저가 좌석은 마일리지가 단 1점도 적립되지 않는 등급이고, 상품에 포함된 호텔은 관광지 근처가 아닐 수 있다.

나 역시 호텔이 시청 주변의 빈민가 지역 턱 스트리트^{Turk street}에 위치해 있다는 것을 알고 뒤늦게 땅을 치고 후회했었다. 호텔이 있는 지역은 샌프란시스코 범죄율 1위의 우범지대라는 사실을 현지에서야 알게 된 것이다. 그것도 모르고 겁도 없이 여행 첫날 해가 진 어둑어둑한 시간에 걸어서 숙소로 복귀하다 하마터면 위험한 일을 당할 뻔했다. 처음 여행사 홈페이지에 소개된 호텔이 출발 직전 다른 호텔로 바뀐 것도 의아했는데, 막상 가보니 시설이 너무 낙후된 호텔이어서 화장실 물조차 잘 나오지 않아 리셉션에 몇 차례나 항의를 해야 했다. 만약 영어를 잘 하지 못하는 여행자가 이 호텔에 왔다면 제대로 얘기도 못하고 이래저래 불편한 기억만 가지고 돌아가야 했을 것이다. 여행사에서는 자유여행 숙소를 선정할 때 과연 현지 정보와 이용자의 후기를 제대로 검토하는지, 단순히 금액에 맞춰서 무조건 저렴한 아무 호텔이나 넣고 보는 건 아닌지 의구심이 든다.

자유여행 패키지를 현명하게 즐길 수 있는 방법은 무엇일까? 포털 사이트의 블로그 후기를 백날 뒤져본들, 일반적인 자유여행 일정에서 벗어난 여행 정보를 구하기란 결코 쉽지 않을 것이다. 지금까지 한국의 자유여행 패키지에 진정한 의미의 '자유'란 존재하지 않았기 때문이다. 모두가 똑같은 자유시간을 보내고, 똑같은 여행 사진을 올려놓는 것이 현실이다. 여행지에서 남들과 다른 자유시간을 보내는 법, 흔한 여행지를 특별하게 여행하는 방법은 정녕 없는 걸까?

스마트한 맞춤 여행을 위해서는 '선택과 집중', 즉 여행의 테마를 잡는 일이 가장 중요하다. 실제로 대형 여행사에서도 점차 유명 관광지만 점 찍는 천편일률적인 일정보다는 뚜렷한 테마를 중심으로 여행을 '디자인'한 상품이 슬슬 나오기 시작하고 있다. 하지만 예술, 건축, 맛집, 호텔 등 특별히 관심 있는 주제가 있다면, 여행사 상품에 의존하기보다는 나만의 테마여행을 직접 계획할 수 있는 소중한 기회를 놓치지 말라고 권하고 싶다.

여행 주제가 확실하면 여행의 즐거움은 배가 되고 시행착오는 훨씬 줄일 수 있다. 물론, 대부분의 여행지가 처음 방문하는 곳일 확률이 높은데, 주요 관광지를 놓치고 싶지 않은 욕심도 분명 버리기 힘든 게 사실이다. 그러나 이런저런 관광지를 억지로 끼워 넣을수록 여행이 '관광'으로 한순간에 전락하기 십상이다. 특정 테마를 중심으로 전체 일정의 큰 뼈대를 세우고, 구글맵과 가이드북 지도를 참고해 동선에 편리한 관광지를 선택해 일정을 짜면 다니기도 좋고 볼거리도 풍성해진다.

| 아이디어를 채우는 아지트 탐색 여행 |

그렇다면 어떤 여행 테마를 정해야 나만의 창조적인 여행을 떠날 수 있을까? 가장 염두에 두어야 할 사항은 '여행을 다녀온 후의 일상과 아이디어를 풍요롭게 만들어 줄 볼거리'를 고민하는 것이다.

많은 여행과 출장 경험을 거쳐 정리된 나만의 방식이 있다면, 한국에서는 볼 수 없는 최신 아트 스팟을 최대한 경험하는 것이다. 물론 이 테마는 자신이 하는 일과 좋아하는 취미, 개인적 취향에 따라 얼마든지 다를 수 있겠다. 하지만 나와 같은 대부분의 지식노동자인 직장인이 언제나 목말라하는 내공은 '새로운 아이디어와 창의력'임을 전제로 할 때, 가장 자극이 크고 창조적인 볼거리를 중심에 놓으면 실패가 적다. 여행과 일상이 분리되지 않고 여행에서 얻은 에너지를 자신의 삶에 적용시키고 싶은, 생산적인 여행을 원하는 이에게 적극 권하고 싶은 방법이다. 이때 가장 중요한 포인트는 그 도시의 현지인이 즐기는 최신 문화 정보를 되도록 많이 알아내야 한다는 점이다.

카페와 서점처럼 휴식을 목적으로 잠시 머물러 있는 곳부터 잠을 자고 아침을 먹는 숙소까지 공간적인 요소를 테마로 정해보는 것은 어떨까? 선진 도시들의 멋진 테마 카페에 주목해야 하는 이유는 카페라는 공간에서 발견할 수 있는 작은 힌트를 일상에 접목했을 때 놀라운 변화를 가져다주기 때문이다. 심지어 서울에서 가장 많이 만날 수 있는 스타벅스도, 해외에서는 새로운 상품과 메뉴를 로컬 문화에 따라 조금씩 다르게 출시하고 있어 색다른 맛을 경험할 수 있다. 여기에 기존과 다른 스타벅스를 꿈꾸는 로컬 체인 카페, 독립형 카페 모두 여행자에게는 순례할 가치가 충분히 있다.

한편 세계 각국의 서점은 여행자가 편안하게 쉬며 책과 커피를 즐기는 공간적인 기능을 가지고 있다. 또 베스트셀러나 잡지 코너는 현지인들의 관심사를 유추할 수 있는 유용한 장소다. 특히 디자인과 아트에 특화된 전문서점은 아이디어와 새로움에 목마른 여행자라면 찾아가야 하는 필수 성지다.

테마를 잡을 때 해당 도시의 숨겨진 볼거리를 찾아내어 매치하면 더욱 이상적이다. 예를 들면 시애틀은 스타벅스의 본고장으로 워낙 유명하지만 샌프란시스코가 커피로 유명하다는 사실은 그리 알려져 있지 않다. 만약 자신이 커피 마니아이고 샌프란시스코를 여행할 기회가 있다면 '맛있는 커피와 함께 하는 샌프란시스코 테마 여행' 일정을 자연스럽게 만들어볼 수 있다. 블루 바틀Blue Bottle 커피 본점, 스타벅스의 원형인 피츠Peets 커피, 포 배럴스Four Barrels 같은 로컬 카페 순례 등을 중심으로 근교 관광지를 함께 돌아보는 나만의 일정, 어느 여행사에서 대신 만들어 줄 수 있을까?

테마 여행을 떠나기 전에는 '남들이 다 가는 곳, 왠지 빼먹으면 나만 손해 아닐까?'라는 본전 생각이 살짝 들겠지만, 막상 다녀와서 돌아보면 나만의 아지트를 풍성하게 개척했다는 뿌듯함이 배로 느껴질 것이다. 나만의 테마 여행이 가진 유일한 단점은 뻔한 곳만

● ● 싱가포르 레드닷 뮤지엄의 독특한 내부 전경.

다니지 않으니 현지에서 한국인과 마주치기가 다소 힘들다는 것 정도? 스마트한 여행의 가장 중요한 전제는, 나만의 여행 테마를 먼저 정하는 일이다.

한편 공간적 체험과 창의적인 디자인을 동시에 만끽할 수 있는 '디자인 호텔'에서의 하룻밤도 반드시 여행 일정에 넣어야 하는 필수 항목이다. 호텔은 전체 여행 체류 시간의 절반 이상을 보내야 하는 중요한 공간이지만, 일반 여행자의 마인드로는 간과하기 가장 쉬운 옵션이다. 창의적인 아이디어와 디자인으로 꾸며진 부티크 호텔 순례기를 통해 때로는 호텔이 여행의 전부가 될 수 있다는 사실을 명심하자. 물론 정석으로 예술을 감상할 수 있는 현대미술관과 크고 작은 갤러리도 한두 곳 골라 들르면 더욱 알차게 아트 감성을 충전할 수 있겠다. 여기에 관광지화된 대형시장이 아닌 파머스 마켓이나 플리 마켓벼룩시장에서 만나는 빈티지한 패션 잡화와 인테리어 소품은 일상의 스타일을 업그레이드해 주는 효과적인 쇼핑 아이템이다.

생생하게 오감으로 즐기는 지역 축제와 테마파크 여행

'이벤트'는 여행 일정을 세울 때 미리 체크해야 할 사항이다. 여행의 추억을 더 풍성하게 만들 수 있는 가장 임팩트 있는 방법은 그 도시의 생생한 축제 현장에 참여하는 일이다. 축제문화가 발달해 일상을 탈출하는 그들만의 노하우를 엿볼 수 있는 보물 같은 기회다. 그 자리에 있는 사람들만이 누릴 수 있는 특별한 즐거움, 바로 연

중 열리는 각종 축제에서 느낄 수 있는 짜릿함이 여행의 매력이다.

　　기왕이면 관심 가는 행사가 열리는 날짜를 포함시켜 여행 일정을 잡는다면 금상첨화겠고, 짧은 연휴를 쓰는 여행이라 날짜를 변동할 수 없다면 해당 일정에 현지에서 어떤 행사가 열리는지 관광청 사이트를 통해 찾아보면 된다. 물론 여행 중에 조금만 부지런해진다면, 혹은 여행 전에 사전 조사를 더 해간다면 축제 외에도 즐길 거리는 정말 많다. 소셜미디어가 발달한 요즘에는 도시 변두리에서 열리는 마을 벼룩시장과 바자회부터 작은 클럽의 흥미로운 공연 스케줄까지 인터넷으로 확인 가능하다.

　　공연이나 아이쇼핑에 관심이 없고 좀 더 편리하게 특별한 이벤트를 즐기고 싶다면 살짝 범위를 넓혀 테마파크 경험을 추천한다. 세상에 존재하는 모든 엔터테인먼트를 한 공간에 집대성한 대형 테마파크는 하루 정도는 온전히 투자해서 둘러볼 가치가 있는 최고의 여행 스팟이다. 미국이나 일본의 오사카, 싱가포르에 방문한다면 세계에서 가장 유명한 테마파크 '유니버설 스튜디오'를 절대 놓치지 말자. 아이들이나 가는 곳이라며 일정에서 빼버릴 성인 여행자에게 감히 추천하고 싶은 테마파크다.

　　나 역시 별 기대 없이 방문했던 LA의 할리우드 여행이 유니버설 스튜디오를 가기 전과 후로 나뉠 정도로, 그 경험의 임팩트가 너무도 강렬했다. 어린 시절 즐겨보던 영화의 캐릭터가 눈앞에서 직접 살아 움직이며 총을 쏘고 연기하는 라이브 쇼와 함께 시작한 일

● ● 유니버설 스튜디오는 세상에 존재하는 모든 엔터테인먼트를 한 공간에 집대성한 대형 테마파크다.

정은 〈위기의 주부들〉 세트장 앞에서 '이게 꿈이냐 생시냐'며 볼을 꼬집으며 마무리되었다. 영화보다 더 흥미진진한 영화적 현실을 오감으로 마주하는 순간이었다. 오전 10시부터 저녁 5시 30분까지 아이스크림 먹을 때 빼고는 단 한 번도 쉬지 않고 스튜디오 시티의 가상세계를 즐겼다. 평소 캐릭터나 어트랙션에 별다른 관심이 없는데다 심지어 영화에도 그다지 취미가 없는 나조차 완전히 감동했던 그날 하루는 그야말로 이벤트의 진수를 경험한 시간이었다.

블로그로
나의 삶과 여행이 달라지다

내 인생은 소위 '블로깅' 덕분에 바뀌었다고 해도 과언이 아니다. 해외여행 월간지의 취재기자로 사회생활을 시작할 때만 해도 여행과 '여행을 글로 풀어내는 일'이 삶을 송두리째 달라지게 할 거라고는 전혀 예상하지 못했었다. 처음엔 나 역시 일상을 소소하게 풀어내는 일기장 대용으로 블로그에 짧은 글을 가끔 끄적대는 정도였다. 그러다가 기자 생활을 마치고 여행과 무관한 업계로 옮겨가면서, 출장과 일로 풀어내던 여행에 대한 욕구를 대체할 대상이 갑자기 사라졌다는 사실을 문득 깨달았다. 그래서 일기장이던 블로그를 '여행'을 주제로 한 블로그로 새롭게 기획해보기로 했다. 블로그의 주요 내용은 단순히 신변잡기를 벗어나서 여행기와 여행 소식만을 중점적으로 올려보기로 했다.

처음 여행 블로그라는 콘셉트를 잡던 2008년 당시만 해도 포털 사이트에 존재하는 대부분의 여행 주제 블로그는 천편일률적으로 비슷했다. 자신이 다녀온 곳을 큼지막한 DSLR 카메라 사진에 짧은 코멘트를 달아 번갈아 늘어놓는 포털 블로그가 전형적이었다. 그러나 나는 우선 이러한 획일적인 스타일을 탈피하고 미디어를 차별화하기 위한 기획을 시작했다. 예전에 현업 기자로 취재했던 기사 내용을 바탕으로 숨은 에피소드와 잡지에 실리지 않았던 사진을 덧붙이는 등 정보성과 블로그만의 자유로움을 조합했다. 또한 케이블 TV의 일반인 리포터로 터키 여행을 다녀왔던 여행기는 해당 동영상을 편집해 글, 사진과 함께 올리는 식으로 좀 더 멀티미디어 친화적인 시도를 꾀했다.

노력을 알아뵈준 블로거 덕분에 모로코 여행 이후 본격적으로 점점 방문자가 증가했다. 당시 모로코 자유여행에 대한 온라인상의 정보가 전혀 없어서 포털 검색 결과를 통해 여행 에세이로 접근하는 검색 유입률이 꽤 높은 편이었다. 마침 같은 해 가을에 캐나다 관광청의 지원을 받아 총 15편의 밴쿠버 여행기를 꾸준히 연재하면서 블로그는 빠르게 성장했다. 어느 정도 방문자가 늘면서 비슷한 여행 기회를 많이 잡을 수 있었고, 끊임없이 블로그에 '콘텐츠'라는 결과물을 올려놓을 수 있었다. 처음에는 여행 후기를 담아내기 위해 블로그를 시작했다면, 지금은 블로그 덕분에 여행을 하게 되었다 해도 과언이 아니다.

물론 마냥 즐겁고 신나는 여행만 떠났던 것은 아니다. 한번은 캐나다 밴프의 스키장 3곳을 돌면서 사진을 찍어야 하는 여행을 간 적이 있다. 영하 20도의 추위 속에서 상공 수천 미터 높이의 곤돌라에 갇혀 로키 산맥을 주구장창 카메라에 담아야 했던 겨울 여행은, 고소공포증도 잊을 만큼 힘든 시간이었다. 이렇게 블로그와 내 삶이 시너지 효과를 일으키기까지는 체력적으로나 심리적으로 많은 노력과 용기가 필요했다. 하지만 열심히 가꿔낸 블로그는 외형적인 측면뿐 아니라 스스로의 내면적인 발전에 커다란 도움이 되었다. 블로그를 통해 그동안의 지나온 삶과 여행의 과정을 한눈에 볼 수 있게 되었고, 내가 속한 일에도 지속적인 열정을 쏟을 수 있는 확신과 의지를 불러일으킬 수 있었다.

블로그 덕분에 간 여행은 지원을 받는 만큼 협찬사의 이해관계가 개입하므로 콘텐츠의 퀄리티에 대한 책임감이 한층 무겁다. 그래서 하나라도 더 새로운 지식, 새로운 시각을 발견해내기 위해 남다른 여행지 정보가 필요했고, 이러한 일련의 과정이 노하우를 자연스럽게 쌓을 수 있는 결정적인 계기가 되었다. 블로그가 여행을 보내주는 것도 모자라 스마트한 여행에 걸맞은 기술을 갖도록 업그레이드까지 해준 셈이다.

│ 작은 발견을 담아내는 세상에 단 하나뿐인 여행 콘텐츠 │

나의 여행 패턴도 처음엔 남들과 크게 다르지 않았다. 항공권 끊고 아무 생각도 준비도 없이 여행지에 가서 적당히 시간을 보내다 오는 휴양 일정이 전부였다. 여행 업계를 떠나 처음으로 돈을 모아 떠난 미국 뉴욕과 북아프리카의 모로코 자유여행에서조차, 제대로 기억나는 여행지나 에피소드가 거의 없을 정도로 소비적인 나날을 보내다 돌아와야만 했다. 일생에 한 번 가기 힘든 멀고 먼 나라에 많은 비용을 들여 어렵게 갔다 왔는데, 단 몇 줄의 후기를 쓰기도 버거울 정도로 느낀 것도 얻은 것도 없는 시간이었다면 어느 누구도 알찬 여행이라고 하기 어려울 것이다.

나의 자유여행이 이렇게 '소비적'으로 끝난 이유는 명확하다. 여느 관광객들처럼 한글 가이드북에 빼곡히 적힌 관광지만 훑으며 돌아다니자, 카메라에 담긴 장면은 다른 관광객의 사진과 똑같아졌다. 그렇게 마냥 걷고 돌아다니는 여행만 하다가 초장에 지쳐서 숙소에서 푹 쉬다 보니 제대로 구경 못하고 하루를 날리는 일정이 반복되었기 때문이다. 대체로 많은 사람의 첫 번째 해외여행이 이런 패턴일 거로 생각한다. 블로그에 단 몇 줄을 남기기 위해서라도 남과 다른 독특한 곳에 가서 사진을 한 컷 더 찍고, 현지인들이 많이 다니는 여행지를 찾아다니며 지금 현재 이 도시의 문화가 어떤 흐름을 타고 있는지 관찰해보았다면, 하다못해 길거리 카페에 앉아서 사람 구경만 열심히 했더라도 많이 남는 장사였을 텐데 말이다.

요즘은 모바일을 연동한 짧고 간편한 소셜미디어가 유행하다 보니, 긴 글을 채워야 한다는 은근한 압박감을 주는 블로그를 멀리하는 사람들이 예전보다 더 많아졌다. 어떤 온라인 플랫폼을 선택하든 꾸준히, 차별화된 콘텐츠를 올려서 가치를 인정받는다면 충분히 운영할 가치가 있다. 하지만 되도록이면 경험과 사고를 정리해서 블로그에 올리는 버릇을 들이고, 단문 위주의 트위터는 블로그의 서브 개념으로 사용한다면 여행이 훨씬 더 풍요로워질 수 있을 것이다.

처음 블로그를 시작하는 사람에게는 언제나 "블로그 글 하나 하나를 책 쓰듯이 하려고 하면 재미가 안 붙어요. '일단 올리고 보자!' 이렇게 시작을 해야 해요"라고 조언을 해준다. 여행기를 연재하기 전에, 우선 일상의 아주 작은 발견이라도 올리면서 블로그 쓰기에 버릇을 들여라. 자기 주변에 작은 이야기들도 블로그로 건져낼 수 있게 되면, 여행기를 하나하나 테마로 분류하고 글과 사진으로 자연스레 풀어낼 수 있게 된다. 블로그에 여행기를 쓰다 보면 여행을 다시 떠난 듯한 설렘도 들고, 자신의 여행에 대해 되돌아보며 객관적인 리뷰를 하게 된다. 이때 자신의 여행에 아쉬운 점이 느껴지면, 다음 여행 때는 이를 보완하기 위해 준비를 더욱 철저히 하게 될 것이다.

한정된 비용과 시간으로 어렵게 떠나는 해외여행의 기회는 우리 삶에서 그리 많이 주어지지 않는다. 그 기회를 몇 배로 살리기 위한 새로운 여행법이 이젠 더욱 절실히 필요하다. 블로그는 똑똑한 여행을 위한 베이스캠프이자, 여행의 결과물을 남들과 공유할 수 있는 훌륭한 채널의 역할을 한다.

해외여행을 다녀온 후 신용카드 청구서에 찍힌 비용을 보며 허무하다고 느낀 적이 있는가? 그렇다면 지금 당장 블로그를 시작하자. 블로그에 연재하는 여행기는 당신이 온전히 저작권을 가진 세상에 단 하나뿐인 여행 콘텐츠다. 소비자에서 생산자로 거듭날 수 있는 바로 그 순간이 블로그에서 비로소 이루어지는 것이다. 꼭 여행작가가 되지 않더라도, 파워블로거가 되지 않더라도, 분명 다음 여행을 떠날 때는 블로그에 채워질 나만의 여행기를 의식하면서 좀 더 알차고 남다른 여행 일정을 꾸리게 될 것이다.

Travel Point

• ● 자신만의 시각으로 여행을 계획하고 싶다면 특정 테마를 중심으로 전체의 큰 뼈대를 세우고, 동선에 편리한 관광지를 선택해 일정을 짜는 것이 좋다. 테마를 잡을 때 해당 도시의 숨겨진 볼거리를 찾아내어 매치하면 더욱 이상적이다.

• ● 여행 테마를 정할 때 디자인과 공간을 중심에 두면 좀 더 창조적인 아이디어를 얻고 돌아올 수 있다. 또한 축제나 테마파크에서의 경험을 통해 특별한 추억을 쌓을 수 있다.

• ● 여행이 여행으로 끝나지 않고 저작권을 가진 콘텐츠 생산으로 경쟁력을 갖추고 싶다면 소셜미디어를 적극 활용하자. 평소에 블로그나 소셜미디어와 조금씩 친해지면 여행기도 자연스럽게 나만의 콘텐츠로 만들어낼 수 있다.

Chapter 02

스마트한 나만의
맞춤 여행 준비법

로컬 피플의
블로그와 미디어를 참고하라

'아는 만큼 보인다'라는 정석이 여행만큼 잘 통하는 경우가 또 있을까? 하지만 없는 휴가 겨우 모아서 떠나야 하는 직장인의 해외여행 준비는 고단하다. 하지만 스마트한 여행자는 정보를 수집하고 이를 바탕으로 일정을 짜는 데도 요령이 있다. 지난 2010년 5월 황금연휴에 8박 10일간 계획한 네덜란드 여행을 앞두고 사전 정보를 수집했던 나의 과정을 함께 거슬러 올라가 보자.

행선지와 항공편만 정해진 시점에서는 가장 먼저 평소 RSS 블로그나 카페와 같이 글 업데이트가 자주 일어나는 사이트에서 게시물을 자동적으로 쉽게 볼 수 있는 서비스로 등록해 놓고 종종 방문하는 사이트 'Travel off the cuff www.traveloffthecuff.com'에 들렀다. 전 세계 주요 언론매체의 여행 섹션 및 해외여행 파워블로거의 기사를 메타블로그 형식으로 모아서 발행하는 일종의 허브 사이트다. 'Amsterdam'으로 검색하니 최신 행사나 맛집, 새롭게 재단장해 오픈한 미술관 정보 등이 쏠쏠하게 찾아져 정보 수집의 스타트를 끊기에 안성맞춤이다. 올해 열리는 축제나 이벤트의 정확한 날짜는 네덜란드 관광청 사이트에서 한 번 더 체크해 놓는다. 네덜란드의 5월 첫 주에는 큐켄호프에서 매년 열리는 튤립 축제가 유명하다.

다음은 본격적으로 현지 여행지의 디테일한 정보를 모으기 위해 일본 최고의 여행 포털 사이트 AB-ROAD www.ab-road.net로 향했다. AB-ROAD는 일본인의 국내여행 및 해외여행 예약을 대행하는 온라인 서비스인데, 전 세계 40여 개 주요 도시에 거주하는 현지인 리포터가 매주 연재하는 '해외 가이드 기사' 코너가 있다.

네덜란드의 리포터 미쯔휘 씨는 현지인과 국제결혼을 해 현재 네덜란드에 거주하는 일본인으로, 각종 라디오 진행 등 현지에서 폭넓게 활약하는 방송인이다. 기사 목록을 클릭하니 '암스테르담 시민의 휴식처, 본델 공원', '스타일리시하고 가격도 저렴한 디자인 숍 HEMA', '바닷가에서 삼바 리듬과 바비큐를 즐기는 로테르담 비치

'파티' 등 현지인이 아니면 쉽게 알 수 없는 여행 정보가 빼곡히 연재되어 있다. 특히 여행을 다녀와서 회사 사람들에게 돌릴 선물 아이템이 고민이었는데, 식상하고 뻔한 기념품이 아닌 현지인이 추천하는 네덜란드 브랜드 '드로스테'의 초콜릿을 구입하라는 팁을 본 순간, "이거다!"라는 감이 왔다. 구글 번역기를 이용해서 어렵지 않게 기사를 모아 갈무리했다.

대략적인 정보를 수집한 뒤에는 본격적으로 숙소를 검색했다. 몇몇 호텔 예약 사이트를 가봤지만 그럴듯한 사진과 어설프게 번역된 설명만 읽고 덥석 예약까지 하기엔 왠지 찜찜했다. 이때 구글 검색 결과에 네덜란드 인이 운영하는 암스테르담 호텔 리뷰 블로그 Amsterdamslaapt www.amsterdamslaapt.nl가 눈에 띄었다. 암스테르담의 주요 호텔을 직접 숙박해보고 자세한 후기를 연재하는 흥미로운 블로그로, 구글 번역기 네덜란드어→영어 대충 내용만 파악했는데도 암스테르담의 좋은 호텔을 찾는 데 더없이 유용했다. 현지인이 직접 촬영해 올려놓은 객실 내부 사진과 가격, 홈페이지 등의 구체적인 정보가 소개되어 있어 일반적인 호텔 가격 검색 사이트보다 훨씬 좋은 정보를 토대로 숙소를 선택할 수 있었다.

그리고서 디자인 호텔 닷컴 www.designhotels.com 으로 이동했다. 네덜란드의 디자인 호텔을 검색해보니 마스트리히트에 위치한 젠덴 디자인 호텔의 모던하면서도 감각적인 인테리어가 마음을 확사로잡았다. 바로 호텔 사이트에 방문해 순식간에 예약까지 완료!

● ● 전 세계 디자인 호텔을 예약할 수 있는
디자인호텔닷컴.

모든 일정의 숙소를 정하고 정보 수집까지 마쳤으니 어느 정도 여행 준비를 든든히 마무리한 셈이었다.

다른 한국 여행자의 블로그보다는 여행지에 현재 거주하고 있는 로컬 피플의 블로그와 미디어를 참고하는 습관을 들이자. 한국의 블로그 정보는 엄선된 정보라기보다는 대부분 해당 여행지가 초행길인 경우가 많고, 따라서 시행착오에 관한 에피소드와 뻔한 '가이드북' 여행 루트 외에는 좋은 정보를 얻기가 어렵다. 여행지의 생생한 현재를 읽어내기 위해서는 실제 거주하고 있는 현지 한국인의 블로그 정보가 훨씬 정확하고 값지다. 특히 이들 블로그의 정보는 맛집이나 행사 정보뿐 아니라 쇼핑 아이템을 선정할 때 실질적인 참고가 된다. 어떤 물건이 가격 대비 성능이 좋은지, 한국에는 없고 이곳에서만 살 수 있는 것들은 무엇인지 정확하게 알려준다. 예를 들어 네덜란드를 여행하고 온 일반 여행자가 튤립과 나막신이 그려진 공항표 기념품과 벨기에 수입산 초콜릿 세트를 사가지고 올 때, 당신의 여행 가방에는 네덜란드판 이케아 'HEMA'의 레드 도트 우산과 네덜란드 명품 초콜릿 '드로스테'의 육각형 박스가 담겨 있는 식이다.

또 하나의 정보 수집 비법은 일본인의 여행법을 벤치마킹하는 것이다. 나는 일본뿐 아니라 전 세계 어떤 도시를 가든 일본인의 여행 후기를 많이 참고한다. 일본의 해외여행 시장이 우리보다 훨씬 크고 일찍부터 발달했기 때문에, 여행 노하우나 루트가 한국에 비해 훨씬 다양하다. 일본인의 여행기를 읽다 보면 더욱 실감이 나는데, 특히 외국 현지에 거주하는 일본인이 자신의 생활상과 주변 맛집 등을 연재하는 블로그를 쉽게 찾을 수 있다. 야후 재팬 같은 일본 포털 사이트를 구글 번역 페이지로 열어서 보면 나처럼 일본어를 전혀 몰라도 손쉽게 읽을 수 있다. 일본어와 한글의 어순이 같다 보니 자동 번역 프로그램을 이용해도 큰 오류가 나지 않고 대부분 뜻이 통해 쉽게 이해할 수 있다. 일본의 여행 블로그는 해당 도시의 일본어 표기가타카나를 일본 포털 사이트에 넣고 검색하면 된다.

뉴욕을 여행할 때는 2007년 알파 블로거 어워드에 선정된 블로그 '뉴욕에서 노는 법http://nyliberty.exblog.jp'의 방대한 맛집과 카페 정보를 참고할 만하다.

여행자의 바이블 《론리 플래닛Lonely Planet》을 빼놓고 여행 가이드북을 논할 수 있을까? 이 책은 분명 독보적인 여행 가이드북임에 틀림없다. 전 세계 수많은 도시를 여행하면서 내 손에 파란 표지의 《론리 플래닛》한 권이 들려있지 않았던 적이 거의 없었다. 특히 많은 여행자가 인정하듯이 책 안의 지도는 구글의 위성지도 뺨치는 섬세함과 정교함을 자랑한다.

가이드북은 나의 여행길을 안내하고 디자인하는 최초의 표지판이다. 그래서 어떤 가이드북을 손에 쥐었느냐에 따라 여행지에서의 방향이 180도 달라지는 것이다. 그런데 내가 외국에서 만난 한국 여행자들은 《론리 플래닛》은 고사하고 《○배 시리즈》, 《○○○고 시리즈》와 같은 한국형 가이드북 시리즈를 가지고 다니는 경우가 태반이었다.

2009년 서호주의 중심 도시 퍼스에 방문했을 때였다. 미리 호텔을 예약하고 가지 않았던 나는 현지에서 인터넷을 쓸 수 없는 상황이어서 하는 수없이 한국에서 복사해온 한글 가이드북에 안내된 호텔을 찾아갔다. 그 해에 따끈따끈하게 개정했다는 최신판 가이드북에 소개된 비즈니스 체인 호텔 이비스Ibis의 싱글룸 가격은 87호주 달러, 하지만 현지에서 확인한 결과 해당 룸의 가격은 이미 200호주 달러가 넘게 올라 있었다. 이 외에도 거의 모든 박물관과 미술관의 입장료 정보가 현지와 큰 차이가 있어 불편함을 겪은 적이 한두 번이 아니었는데, 이러한 정보 오류는 다 이유가 있다. 한국의 대표적인 가이드북 시리즈는 일본에서 판권을 사오는 번역서가 많아서, 2~3년 전의 정보는 물론 심지어 4~5년 전 정보도 수정되지 않은 채 그대로 실린다. 따라서 최신 정보가 제대로 반영되지 않을 수밖에 없다. 이러한 가이드북 시리즈는 개정판이라고 매년 새롭게 발행하지만 수많은 가격 정보가 일일이 갱신되지 않는 치명적인 단점이 있다.

내가 한국 가이드북을 신뢰하지 않는 이유가 단지 뒤처진 정보 때문만은 아니다. 기껏 어렵게 마음먹고 자유여행을 떠난 한국 여행자에게 모두가 똑같은 경로를 선택하게끔 루트를 단순화시켜 놓은 점이 가장 큰 문제다. 편하고 안전한 여행을 좋아하는 사람에게는 검증된 맛집에서 옆 테이블의 익숙한 한국말을 들어가며 밥 먹고 사진 찍는 여행으로도 만족할 수 있겠지만, 내가 바라는 건 남과 다른 시선으로 현지의 문화를 받아들이고 내 것으로 만드는 여행이기 때문에 천편일률적인 한국형 여행 정보를 그대로 받아들인다면 처음부터 방향성을 잃을 수밖에 없다.

그렇다면 어떤 가이드북을 참고해야 여행을 제대로 시작할 수 있을까? 지금 현지인들이 즐기고 자주 다니는 트렌디한 플레이스를 정확하고 자세하게 소개하는 가이드북은 어떤 것이 있을까? 먼저 세계적으로 인정받은 양질의 여행 콘텐츠를 도시 별로 발행하는 영문 가이드북 시리즈, 《럭스LUXE》와 《월페이퍼 시티 가이드Wallpaper

》를 추천한다.

먼저《럭스》는 전 세계 20여 도시의
엄선된 현지인이 편집한 가이드북으로 '스
타일리시 포켓 가이드'를 표방한다. 펼치면
전체가 한 장으로 이어진 브로슈어 형태라
는 점도 흥미롭지만, 그 도시에서 가장 세련
되고 패셔너블한 숍과 레스토랑, 클럽, 카페, 호
텔 정보가 6개월에 한 번씩 새롭게 갱신된다. 이
점이 한국 가이드북의 정보와 질적으로 차이가 날

● ● 럭스 시티 가이드.

수밖에 없는 결정적인 포인트다. 단, 국내에서 쉽게 구입하기 어렵다
는 것이 유일한 단점이다. 해외 서점에서는 쉽게 구입할 수 있으므로
여행 초반에 현지 서점에 들러서 하나 사두면 휴대하기도 편리하고
여행 일정을 더욱 풍성하게 꾸밀 수 있겠다.

　　《월페이퍼 시티 가이드》도《럭스》와 비슷하지만 '디자인'에
초점을 맞춘 포켓 가이드로, 전 세계 수많은 도시의 가이드북이 출
간되어 있다. 세계적인 디자인 매거진《월페이퍼》를 발행하는 세계
3대 미술 전문 출판사인 영국의 파이돈 프레스Phaidon Press에서 만든
시리즈이다. 이로 인해 박물관과 미술관 같은 아트 관련 정보는 어
느 가이드북보다 충실하고 믿음직스럽다. 또한《월페이퍼》의 뛰어난
정보력을 바탕으로 각 도시에서 가장 떠오르는 멋진 건축물과 디자
인 호텔을 빠짐없이 소개한다. 여행 계획을 세울 때 없어서는 안 될

알짜배기 정보들이 담겨 있으니 꼭 체크할 것. 국내에서는 대형 서점과 인터넷 서점에서 수입 판매하고 있으며 해외 대형 서점 및 디자인 숍에서는 쉽게 구할 수 있다.

위의 두 시티 가이드도 최신 정보를 다루고 있지만, 좀 더 빠른 현지인들의 정보를 신속하게 얻고 싶을 때는 가이드북이 아닌 매거진을 활용하면 좋다. 전 세계 50여 개 도시의 가이드북을 발행한 40년 전통의 영국《타임아웃 Timeout》이 대표적이다. 전 세계 36개 도시 정보를 실은 정식 가이드북 시리즈 외에도 도시별로 최신 소식을 담은 매거진을 발행하고 있는데, 지금 가장 떠오르는 레스토랑과 카페, 클럽 공연 정보가 빼곡하다. 현지 거주자가 아니면 도저히 알 수 없는 지역 행사 뉴스가 풍부하게 실리기 때문에 정보가 생명인 우리에겐 맞춤형 가이드북인 셈이다.

탄성이 절로 나오는
디자인 호텔에서 아침을 맞아라

처음으로 숙소를 메인 테마로 삼은 여행은 네덜란드 자유여행 때였다. 항공권만 겨우 해결된 상황에서 8박 10일이라는 긴 자유여행을 계획한다는 것은 흰 백지에 그림을 그려 넣는 것처럼 막막하기 그지없는 일이었다. 황금연휴에 월차를 5일이나 끼워 넣은 다소 부담스러운 상황에서, 최대한 스스로에게 유익한 여행을 만들기 위한 참신한 테마가 절실히 필요했다.

그런데 숙소를 예약하려고 이런저런 호텔 사이트를 검색하다가 네덜란드에 유난히 훌륭하고 저렴한 디자인 호텔이 많다는 사실을 알게 됐다. 이후 여행의 테마는 '디자인 선진국 네덜란드의 혁신적인 디자인 호텔을 경험하는 여행'으로 자연스레 정해졌다. 나름대로 호텔 선택의 기준도 정해 보았다. 첫째, 더치 디자인Dutch Design을 잘 반영한 혁신적인 디자인의 객실일 것. 둘째, 1박에 최대 110유로한화 15만 원를 넘지 않는 저렴한 가격일 것. 셋째, 나의 일정에 객실 예약이 가능한 호텔일 것 등이다. 멋지지만 가격이 비싸서 탈락된 곳도 있고, 저렴하고 예쁘지만 예약이 꽉 차서 아쉽게 포기한 장소도 있다.

어렵사리 예약하고 머무른 5곳의 호텔과 함께한 네덜란드 여행의 결과는 생각보다 놀라웠다. 모든 호텔은 객실과 부대시설, 고객 서비스 등 모든 면에서 뚜렷한 개성을 보여주며 네덜란드에서의 아침과 저녁 시간을 풍성하게 꾸며주었다. 매번 탄성이 나올 정도로 기발한 디자인 아이디어와 재미난 어메니티객실 비품를 발견하는 즐거움에 비하면, 무거운 캐리어를 끌며 이틀에 한 번씩 호텔을 옮겨야 하는 수고는 아무것도 아니었다.

지금까지 해외여행에서 묵었던 숙소들을 가만히 돌이켜보자. 일반적으로 한국인이 가장 선택하기 쉬운 숙소는 인터넷으로 손쉽게 예약할 수 있는 중저가 호텔과 호스텔, 게스트하우스, 한인 민박 등이 대표적이다. 일반적으로 여행자는 먼저 여행 계획의 얼개를 세운 다음 최종적으로 예산과 동선에 숙소를 끼워 맞춘다. 그러니 여행에서 숙소의 비중은 자연스레 줄어들 수밖에 없다. 그저 해가 지면 돌아와 몸을 뉘일 정도의 공간이면 족하니 비용과 노력을 들일 필요가 없다고 여기기 때문이다. 그런데 귀국해서 여행의 추억을 하나하나 돌이켜볼 즈음에는, 이상하게도 숙소에 대한 기억이 가장 표면적이고 명료하게 드러난다는 사실을 아는가? 수많은 해외여행 커뮤니티에 올라오는 불만 가득한 후기의 대부분이 숙소의 불친절과 불편함에 관한 이야기다. 숙소를 선택할 때 가격과 위치 외에는 얼마나 무심했는지는 돌이켜보지 않으면서 말이다.

총 해외 체류 시간의 거의 절반을 차지하는 긴 시간을 우리는 숙소에서 보낸다. 그래서 새롭고 혁신적인 숙박 서비스가 우리에게 주는 만족도와 기쁨은 상상 그 이상이다. 여행의 목적이 '낯선 장소에서 받는 오감의 자극과 창조적인 마인드 단련하기'라면, 새로운 형태의 숙소에서 체험하는 모든 요소들은 정확히 그 연장선에 있다. 똑똑한 여행자라면 남다른 아이디어 여행을 계획할 때 반드시 숙소를 곁가지가 아닌 중심에 두고 신경 써야 하는 이유다.

먼저 디자인 호텔, 혹은 부티크Boutique 호텔로 분류되는 이색 테마 호텔에 대한 약간의 사전지식이 필요하다. 일반적으로 부티크 호텔은 고풍스러운 인테리어에 호화롭고 비싼 고급형 호텔이라는

● ● 베를린의 미셸베르거Michelberger 호텔.

인식이 있는데, 이는 대부분 미국과 일본의 호텔에 해당되며 유럽에서는 약간 개념이 다르다. 유럽에서는 별 3개 정도의 비교적 저렴한 숙소 레벨을 유지하면서도 독특한 객실 디자인과 도시 여행자에 특화된 서비스를 제공하는 '깔끔한 테마 호텔'이 대세를 이룬다. 최근에는 유럽 외에도 관광업이 발달한 동남아시아의 주요 대도시에 이러한 디자인 호텔 붐이 크게 일고 있다. 따라서 도심지를 거점으로 여행을 떠날 때는 꼼꼼한 사전 검색을 통해 최적의 호텔을 선택하려는 노력이 필요하다.

잘 알려진 디자인·아트 콘셉트의 소형 호텔로는 덴마크의 호텔 폭스Hotel Fox, 베를린의 미셸베르거Michelberger 호텔, 브뤼셀의 팬톤Pantone 호텔, 암스테르담의 로이드Lloyd 호텔, 바르셀로나의 까사 캠퍼Casa camper 등을 들 수 있다. 한편 부티크 콘셉트의 호텔을 지점으로 확장한 이른바 도시형 부티크 호텔 체인으로는 네덜란드 암스테르담과 스코틀랜드 글래스고에 지점을 보유한 시티즌엠Citizenm, 에든버러와 쿠웨이트에 체인이 있는 호텔 미소니Hotelmissoni, 뉴욕을 비롯 미국에 총 4개의 체인이 있는 에이스 호텔Acehotel, 호주 멜버른에 개성 넘치는 3곳의 체인을 보유한 아트 시리즈 호텔즈Artserieshotels 등이 대표적이다.

이러한 호텔을 검색할 때는 기존의 호텔 가격 비교 사이트나 호텔 예약 사이트를 이용하기보다는 테마 호텔 전문 사이트 Designhotels.com 등을 통해 해당 도시에 검증된 디자인 호텔이 있는지 알아보고, 구글에서 도시명과 부티크 호텔, 디자인 호텔 등의 키워드를 검색한 후 이미지 검색 결과를 참고하면 좀 더 확실한 정보를 얻을 수 있다. 또한 부티크 호텔은 저가부터 고가까지 가격대가 다양하지만 주로 교외에 위치한 화려한 곳은 가격이 매우 높다. 따라서 모든 지역의 여행에 다 적합하지는 않으며, 대도시 여행시에는 중저가형 테마호텔 체인을 활용하는 것이 여러모로 합리적이다.

한번 디자인 호텔에 발을 들이면 저렴한 가격과 멋진 디자인의 매력에 폭 빠져서 민박이나 유스호스텔, 저가 호텔은 거들떠보지도 않게 될 것이다. 여행의 모든 일정을 다 호텔 위주로 짤 수 없다고 할지라도, 단 하루 혹은 이틀만이라도 색다른 분위기의 숙소에서 묵으며 그곳에서만 발견할 수 있는 개성 넘치는 서비스를 꼼꼼히 만끽해보자.

사실 디자인 호텔이 우리에게 주는 영감은 여행을 떠나기 전부터 시작된다. 이들 호텔의 공식 홈페이지는 대부분 감각적인 디자인과 색다른 예약 방식으로 무장하고 있어 온라인으로 미리 들여다보는 재미가 쏠쏠하다. 객실 타입을 선택하면 조명 컬러, 배경 음악 설정까지 사용자 맞춤으로 예약해주는 시스템은 초호화 호텔에서만 경험할 수 있는 서비스가 아니다. 네덜란드의 저가형 디자인 호텔 체인 시티즌엠의 웹사이트 www.citizenm.com 에 방문하니 일반적인 예약 서비스 외에도 〈시티즌맥 CitizenMag〉이라는 시크한 콘텐츠의 웹진을 연재하고 있었다. 그곳에는 자사 시그니처가 새겨진 각종 제품을

● ● 네덜란드의 부티크 호텔 시티즌엠에서 발행하는 웹진.

파는 등 번뜩이는 아이디어가 가득했다. 덧붙이자면 한국의 어떤 호텔 사이트에서도 이렇게 문화와 디자인을 접목한 사례를 만나보지 못했다. 오히려 사이트 디자인과 콘텐츠가 아직까지는 매우 보수적인 편이다. 만약 업무적으로 서비스 분야에 종사하고 있다면 창의적인 온라인 서비스로 국내외 고객을 유치할 만한 강력한 아이디어를 이들 호텔 사이트에서 벤치마킹할 수도 있을 것이다.

스마트폰을 200% 활용해서 즐겨라

관광지의 커피 체인점에는 늘 그렇듯 세계 각국에서 몰려든 관광객들로 아침부터 저녁까지 북새통이라 빈자리를 거의 찾을 수 없다. 사나흘간 할리우드에 머물면서 번잡한 행사와 거리 인파에 다소 지친 나는 조용하고 프라이빗한 공간이 필요했다. 하지만 할리우드가 초행길이고, 문의할 만한 현지인도 가려내기 힘들고, 랩탑도 가져오지 않았고, 와이파이Wi-fi가 연결되는 것만도 그나마 감사한 상황이라면, 이럴 때 멋진 카페를 찾아내는 방법은 과연 무엇일까?

이럴 때 나는 스마트폰을 열어 '포스퀘어Foursquare'라는 위치기반 SNS를 십분 활용한다. 포스퀘어는 내 위치를 GPS로 인식해 주변 레스토랑과 숍 정보를 자동으로 검색해 보여주는 어플리케이션인데, 국내뿐 아니라 해외에서도 요긴하게 쓰인다. 각 정보에는 현지인들이 코멘트해 놓은 팁이 빼곡히 달려 있어 추천 메뉴나 주문 시 주의해야 할 점 등 단골들의 세세한 노하우를 얻을 수 있다. 또한 팁이 많이 달린 가게일수록 현지인들이 많이 찾는 곳임을 보여준다.

마침 내가 머물던 할리우드의 호텔 주변과 가까운 곳에서 포스퀘어를 실행하니, 현지인들의 팁Nearby Tip 리스트에 무더기로 잡히는 카페가 있었다. '티아고 에스프레소 바'의 수많은 후기를 보고 망설임 없이 여기로 결정! 정신없이 붐비는 메인 스트리트를 지나 5분 정도 걸으니 곧바로 한적해지는 대로변에 작은 카페가 나왔다. 나와 동생은 단돈 15달러에 좋아하는 커피와 갓 짜낸 오렌지 주스로 간단히 식사를 해결하고 무료 인터넷까지 이용하며 두세 시간의 조용하고 행복한 시간을 즐길 수 있었다. 무엇보다 사람과 불빛으로 북적이지 않는, 한적하고 평범한 또 다른 얼굴의 할리우드를 비로소 만났다는 사실에 두근거리고 기뻤다. 가이드북이 아닌 스마트폰 어플리케이션의 하나로 여행은 이렇게 달라질 수 있다.

　　이후에도 나는 전 세계 많은 도시에서 같은 방법으로 멋진 카페와 레스토랑을 찾아냈고, 그곳에서 파는 베스트 메뉴만 쏙쏙 뽑아 주문하는 똑똑한 여행을 할 수 있었다. 내가 머무는 모든 호텔에서도 반드시 포스퀘어의 팁을 검색해 부대시설이나 서비스를 충분히 활용했다. 많은 호텔과 의류 브랜드에서는 포스퀘어 전용 쿠폰을 발행하고 있는데, 해당 장소에 '체크인'을 하면 일정 금액을 할인해주거나 원플러스원 증정 행사를 하는 이벤트를 활발하게 진행하고 있다 앞서 소개했던 시티즌엠 호텔에서는 이 모바일 쿠폰으로 마티니 칵테일을 한 잔 더 얻어 마시기도!. 아직까지 위치 기반 SNS가 초창기인 한국에 비해 해외에서는 보다 재미있는 마케팅을 많이 시도하고 있으니 이를 현지에서 이용하는 것도 알뜰한 여행을 하는 노하우다.

　　이제는 바야흐로 스마트폰을 활용해 여행하는 시대가 왔다. 남다른 여행지 정보가 중요한 우리에게 스마트폰의 역할은 거의 절대적이라고 해도 과언이 아니다. 2~3년 전만 해도 국내 무선망 인프라에 비해 해외 대도시의 무선망은 형편없는 수준이었지만, 최근 여러 도시를 다녀본 결과 이제는 평준화가 많이 이루어진 모습이다. 우리가 익히 들어본 유명 대도시에서는 커피숍, 호텔, 광장 등의 시설에서 와이파이를 사용하는 게 크게 어렵지 않다. 국내 통신사에서도 다양한 해외 로밍 요금제를 출시하고 있어 요금 폭탄도 옛말이 되었다. 7~10일 정도의 여행에 스마트폰을 활용하고자 한다면 적당한 로밍 요금제에 가입하는 것도 알찬 방법이 될 것이다.

그렇다면 스마트폰과 함께하는 '스마트 트래블'에는 기본적으로 어떤 준비가 필요할까? 위에서 소개한 위치 기반 SNS인 포스퀘어나 구글 플레이스는 기본적으로 설치해두면 좋다. 가이드북에 절대로 소개되지 않는 현지인들의 쇼핑 노하우와 맛집을 인터넷만 연결된다면 무한정, 그것도 내가 위치한 가장 가까운 곳을 기준으로 알아낼 수 있는 만능 어플리케이션이다.

스마트폰으로 인해 사라질 위기에 처한 것들이 많은데, 여행 가이드북도 곧 그런 신세가 머지않은 듯하다. 물론 '종이'로 된 가이드북 말이다. 앞에 소개한 《럭스》와 《월페이퍼 시티 가이드》는 모든 도시의 정보만 골라 스마트폰 어플리케이션으로 출시되어 있어, 필요한 도시의 정보만 골라 내 스마트폰으로 다운로드할 수 있다. 휴대성은 물론이고, 인터넷을 연결하지 않아도 내용을 확인할 수 있으니 책보다 편리한 점이 많다.

여행자 중에는 "그래도 지도는 역시 손에 들고 보는 게 제 맛이지!"라고 주장하는 사람도 있다. 맞는 말이다. 지도는 좁게 볼 때도 있지만 넓은 지역을 한눈에 보고 전체 일정을 계획할 때가 더 많기 때문에, 대형 도심 지도 한 장은 현지에서 무료로 구해 함께 가지고 다니면 좋다. 단, 구글맵 등의 지도 어플리케이션은 GPS 기능과 결합하여 현재 내 위치가 어딘지, 가고자 하는 위치와 내 위치가 얼마나 떨어져 있는지를 정확하게 보여준다. 따라서 모바일 지도는 종이 지도와는 전혀 다른 관점으로 여행자의 방향을 잡아주는 나침반 역할을 한다는 점을 상기해 두자.

　마지막으로 문서 뷰어Viewer나 구글 문서Google Docs 등을 활용하는 방법이다. 요즘에는 자유여행을 할 때 블로그나 카페 등 인터넷 상의 정보를 검색해 갈무리한 다음 프린트해 들고 나가는 경우도 많다. 이때 스마트폰을 활용한다면 좀 더 간편하게 정보를 휴대할 수 있다. 나는 여행 정보를 갈무리한 문서 파일Doc, PDF 등을 Box.com 같은 웹 클라우드 서비스에 업로드하거나, 구글 문서의 계정에 업로드해 스마트폰으로 편리하게 문서를 확인하곤 한다. 단, 이렇게 웹서비스와 연동할 경우 와이파이가 연결될 때만 확인할 수 있는 단점이 있으므로, iBooks나 PDF Reader와 같은 문서 뷰어 전용 어플리케이션을 다운로드해 받아두면 인터넷 접속 여부와 관계없이 언제 어디서나 정보를 열람할 수 있다. 스마트폰을 사용한 후부터는 여행 정보를 프린트하지 않고 스마트폰에 다운받아 현지에서 바로 정보를 찾아 쓰는 편이다.

　이외에도 스마트폰 시대가 도래하면서 모바일 항공권, 모바일 체크인, 모바일 마일리지 카드 등 항공사에도 모바일을 활용한 간편한 서비스가 많이 등장했다. 대한항공의 경우 바코드가 찍혀진 모바일 마일리지 카드를 내려받아 두고 여행 시에 이용하는데, 깜박하고 실물 카드를 챙겨오지 못했을 때 큰 도움이 된다. 자신에게 맞는 모바일 서비스를 체크해보고 활용한다면 더욱 편리하고 알찬 여행을 즐길 수 있을 것이다.

현지 숙소와 관광지에서 현지인들과 통성명을 하거나 사진을 찍어 주었다면, 보통은 연락처를 즉석에서 적어오거나 써주는 경우가 대부분이다. 하지만 여행을 다녀오고 나면 막상 일일이 연락처를 찾아서 메일이나 연락을 해주기가 어려운 것이 사실이다. 하지만 여행 이후에도 현지인들과 지속적으로 연락하고 지내며 돈독한 관계를 유지할 수 있는 쉽고도 센스 넘치는 해결책이 있다. 바로 외국 여행 전용 명함을 미리 만드는 것이다.

이때 중요한 포인트는 명함에 이메일 주소는 기본이고 트위터와 페이스북 등 자신의 개인 소셜 미디어 주소URL가 반드시 수록되어야 하며, 반드시 영문으로 만들어야 한다는 것. 기억하기 쉽도록 사진을 넣으면 더욱 좋다. 혹은 나처럼 포털 사이트에서 우수 블로거에게 무료로 제공해주는 블로거 명함을 사용하는 것도 좋다. 개인 명함에는 홈페이지 혹은 블로그와 이메일 주소, 트위터 아이디 등을 수록할 수 있어 언제든 온라인으로 외국인과 안부를 전할 수 있다.

같은 맥락에서 최근 전 세계적으로 보편화된 소셜 미디어를 아직 개설하지 않았다면, 여행 전에 간단하게 가입하고 오픈할 것을 적극 권한다. 특히 페이스북은 영미권과 유럽 등지에서는 이메일만큼이나 익숙한 개인 미디어로, 나 역시 실제로 여행에서 만난 많은 현지인들과 "안녕! 페이스북에서 만나자!"라는 말로 작별 인사를 대신하는 경우가 점점 많아지고 있다. 해외에서 체감한 페이스북의 대중화는 상상 그 이상이었다.

얼마 전 싱가포르의 한 호텔에서 유난히 친절했던 프론트 직원 '앤디'의 세심한 서비스가 참 마음에 들었었는데, 하룻밤만 자고 다른 호텔로 옮기는 바람에 제대로 인사도 못하고 떠나야 해서 내내 마음에 걸렸다. 그런데 다음 호텔에 도착해서 페이스북을 확인해보니 앤디가 내게 친구 신청을 한 게 아닌가? 함께 보내온 페이스북 메시지에는 "우리 호텔에 온 걸 환영해! 꼭 다시 방문해줬으면 좋겠고, 언젠가 싱가포르의 좋은 곳들 안내해 줄게. 참, 너랑 나랑 동갑이더라"라는 친근한 내용이 다시 한 번 나를 미소 짓게 했다. 신기한 것은 내 페이스북 주소를 따로 알려준 적도 없다는 것. 아마도 이름과 국적, 혹은 생년월일로 검색해서 찾은 모양이다. 이렇게 난 또 한 명의 외국인 친구가 생겼고, 한국에 돌아온 지금도 계속 연락하면서 잘 지내고 있다. 언젠가 싱가포르에 또 가게 되면 앤디에게 "네가 쉬는 날 자주 가는 멋진 카페나 클럽 좀 알려줘!"라고 물어볼 작정이다.

외국 여행에서 우연히 만난 친구와 꾸준히 연락하며 지내고 싶다면 페이스북이나 트위터 같은 글로벌 온라인 서비스에 조금 더 익숙해져라. 약간의 노력으로 자신의 인적 네트워크가 '글로벌'하게 넓어질 수 있다.

짜릿하고 흥미로운 여행을 위한
스마트폰 · 태블릿 어플 BEST 5

세계 어디를 가든 자동 로밍과 와이파이가 빵빵 터지는 지금, 스마트폰은 자유여행에 있어 옵션이 아닌 필수품이다. 하지만 수많은 어플리케이션 중에서 여행 준비에 실질적인 도움이 되는 앱을 단번에 찾아내기란 쉽지 않다. 아직도 두꺼운 한글 가이드북을 들고 외국의 낯선 거리를 헤매고 다닐 당신을 위해, 스마트폰은 와이파이 잡히는 데서 카톡 보내는 기능으로만 사용하는 당신을 위해 준비했다. 여행가방을 가볍게 만들어줄 여행 어플리케이션 BEST 5.

■ 포스퀘어

가는 곳마다 체크인을 눌러 배지를 획득하는 위치 정보 어플리케이션 포스퀘어Foursquare가 왜 해외여행에 유용한지 의아한 독자들이 많을 것이다. 포스퀘어는 국내에서는 그저 주변 맛집을 찾거나 체크인하는 용도로 쓰이지만, 외국에서는 전 세계 유저들이 남기고 간 주옥 같은 '팁'이 진가를 발휘한다. 호텔이나 레스토랑에서 포스퀘어를 열어보라. 가이드북에서는 절대 찾을 수 없는 생생한 정보가 당신을 기다리고 있을 테니까. 예를 들면 "이 카페에서는 카푸치노 말고 카페라떼를 주문하세요"라던가, "객실 두 번째 서랍을 열면 다리미가 들어 있어요" 같은 깨알 같은 팁 말이다. 가격은 무료.

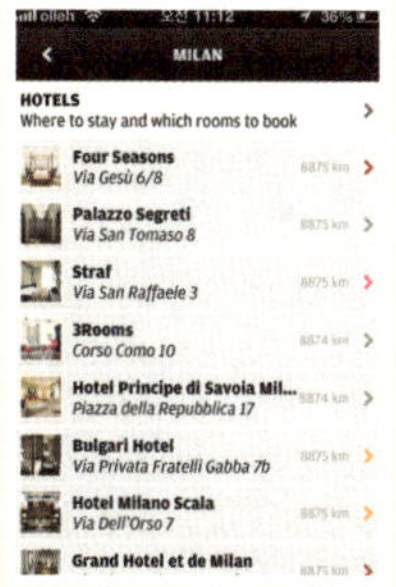

■ 월페이퍼 시티 가이드

전 세계 도시 별로 모두 다른 컬러의 여행 가이드북을 만들어내는 예술적인 《월페이퍼 시티 가이드Wallpaper City Guide》 시리즈는 이제 스마트폰 어플로도 만나볼 수 있다. 각 도시의 주요 디자인, 건축, 예술 스팟만을 엄선해 소개하는 만큼 기존 가이드북에서 찾기 힘든 정보가 실려 있을 뿐 아니라, 어플리케이션에는 지도 기능이 합쳐져 더욱 강력한 길잡이 역할을 한다. 여행지가 결정되었다면 해당 도시의 시티 가이드가 있는지 검색해보자. 종이책에 비해 가격도 훨씬 저렴하다.

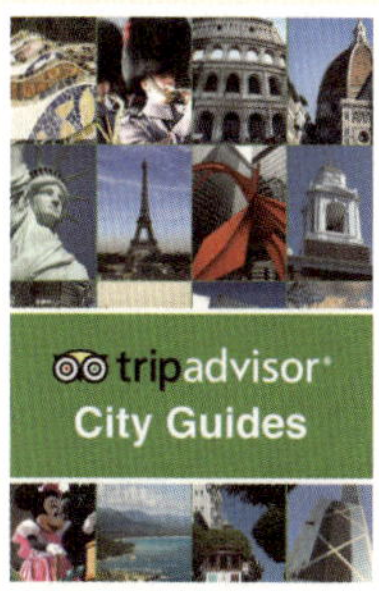

■ 트립 어드바이저

세계에서 가장 큰 여행 커뮤니티 사이트 트립 어드바이저Trip Advisor는 여행자의 마음을 역시 잘 읽어냈다. 와이파이가 잘 안 되는 오프라인에서도 여행 정보를 사용할 수 있도록 도시 별 시티 가이드를 다운로드할 수 있는 기능을 제공한다. 지도와 주요 맛집, 호텔, 쇼핑 정보가 수록되어 있으며 내가 가고 싶은 지역만 따로 표시해두었다가 볼 수도 있다. 덕분에 지난 홍콩 여행에서 홍콩편 시티 가이드를 유용하게 사용했다. 인터넷이 안될 때 비상용으로 다운받아두면 좋은 어플. 가격은 무료.

■ CNNgo

만약 아시아 대도시홍콩, 싱가포르, 일본, 태국, 호주를 여행할 계획이 있다면 CNNgo 어플을 강력 추천한다. CNN의 아시아 여행 섹션인 CNNgo의 공식 어플로, 이들 도시의 최신 뉴스를 업데이트한다. '홍콩에서 가장 트렌디한 카페 Top 5', '싱가포르의 베스트 부티크 호텔 5' 등 눈에 쏙쏙 들어오는 알찬 정보들이 많으니 영문이지만 여행 계획을 짜는 데 큰 도움이 될 것이다. 가격은 무료.

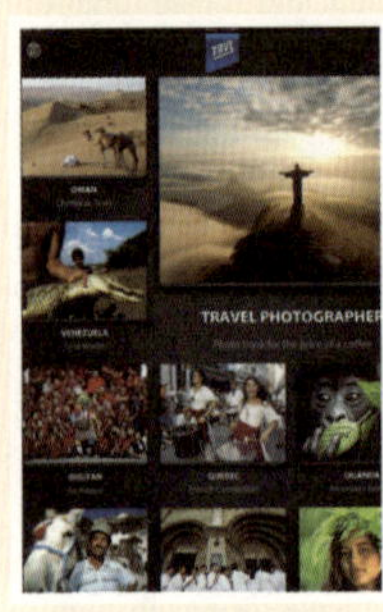

■ TRVL

아이패드 전용 여행 매거진이다. 론리 플래닛과 내셔널 지오그래픽을 합쳐놓은 듯한 비주얼 화보와 멀티미디어가 탑재된 매거진이 전 세계 도시별로 출시되어 있는데, 현지인들의 생활양식과 풍경을 가감 없이 담아내는 생생한 기사와 사진들이 눈길을 끈다. 구체적인 정보를 얻기보다는 해당 도시를 한눈에 스윽 훑어보면서 여행을 준비하는 용도로 추천한다. 아이패드의 뉴스 가판대 앱에서 구독하면 된다. 가격은 무료.

●● 여행 정보를 수집할 때는 현재 현지에 거주하고 있는 사람의 정보를 찾는 습관을 들이자. 특히 현지인의 블로그에서는 맛집이나 행사 정보, 생생한 쇼핑 정보를 얻을 수 있다. 또한 일본 블로거의 여행 노하우나 여행 루트도 참고할 만하다.

●● 가이드북을 선택할 때는 국내 가이드북 시리즈보다는 《럭스》와 《월페이퍼 시티 가이드》 같은 전문 가이드북을 추천한다. 지역 행사 정보가 풍부하게 실리는 《타임아웃》 매거진도 도시에 따라 선택할 수 있다.

●● 남다른 '아이디어 여행'을 계획한다면 숙소 선택이 중요하다. 대도시를 여행할 때는 가격이 저렴하면서도 디자인에 신경을 쓴 부티크 호텔을 적극 활용하는 것이 여러모로 합리적이다.

●● 여행 중에 스마트폰을 활용할 때도 나름의 요령이 필요하다. '포스퀘어'와 같은 위치 기반 SNS를 이용하면 현지 단골손님들의 세세한 노하우를 얻을 수 있다. 지도 어플리케이션은 종이 지도와 함께 사용하면 더욱 편리하며, 여행 정보를 갈무리한 문서 파일을 업로드해 가이드북을 대체할 수도 있다.

●● 여행을 위한 명함은 영어로 따로 만들어 가지고 가면 좋다. 또한 전 세계적으로 보편화된 소셜 미디어인 페이스북 계정이 있다면 현지인 친구를 만들고 유지하는 데 더욱 효과적이다.

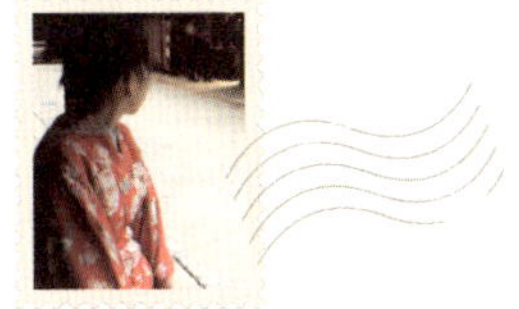

Chapter 03

여행가방에 담아온
다른 세상

캐나다 스키장에서 만난
한 소녀

꿈을 이루기 위해 런던으로 떠난 20명의 한국인을 인터뷰한 《20인 런던》이라는 책이 있다. 짧게는 워킹 홀리데이부터 길게는 10년째 유학중인 학생, 현지에서 자신만의 전문 영역을 개척해 멋지게 살아가는 사람까지 해외에서 고군분투하는 한국인들의 용감하고 억척스러운 인생 스토리는 《20인 도쿄》, 《20인 호주》 등 후속 시리즈로 연이어 출간되기도 했다. '20인 시리즈'를 읽으면서 개인적으로 많은 자극을 받기도 했지만, 언제부터인가 나도 여행을 하면서 직접 현지에 거주하는 한국인을 만나 얘기를 들어보면 어떨까 하는 생각이 들었다. 여행이 단순히 새로운 문화나 구경거리를 보고 즐기는 것에서 끝나지 않고 삶에 강한 자극과 동기부여를 할 수 있게끔 하고 싶다는 욕심이 생긴 것도 그즈음이다.

물론 해외에서 여행자가 아닌 거주자를 만나 인터뷰하는 일은, 개개인의 차이는 있겠지만 사실 쉽지 않다. 나 역시 취재기자 출신이고 외향적인 성격을 타고나긴 했지만 항상 사전에 섭외된 인터뷰만 진행한 경험이 전부이고 모르는 사람과 쉽게 말을 섞는 타입은 아니어서, 이 결심을 막상 실행으로 옮기는 일이 무척 막막하게만 느껴졌다. 하지만 기회는 생각보다 무척 빨리 왔다. 닫혀 있던 나의 마음만 열면 언제든 가능한 일이었다는 걸 몇 번의 인터뷰가 재미나게 성사된 후에야 비로소 깨달았다.

캐나다 알버타 주의 스키 허브로 불리는 소도시 밴프Banff에서 스키장 취재 여행을 할 때였다. 12월의 강추위 속에서 힘들었던 하루 일정을 마치고 몸도 녹일 겸 작은 커피숍 '에블린 커피바'로 향했다. 밴프에서 스타벅스의 아성에도 꿋꿋하게 살아남은 이 로컬 커피숍은 마침 늦은 시간까지 문을 여는 데다 좁지만 꽤나 아늑하고 따스한 분위기였다. 홀로 가게를 지키고 있는 앳된 얼굴의 여직원이 동양인이라 친숙하게 느껴졌는데, 마침 나와 일행이 한국어로 "뭐 마실까?" 하며 얘기 나누는 걸 유심히 보던 그녀가 "한국인이세요?"

하고 먼저 물어왔다. 이 깡촌 밴프에서 한국인을 보니 무척 반가웠다. 마침 커피숍의 마감 시간인 밤 10시가 다 되어가는 늦은 때라 매장 정리가 한창인 그녀에게 조심스레 "한국 분이라 반가워서 그런데, 잠시 통성명이라도 할 수 있을까요?"하며 부탁을 했더니, 의외로 흔쾌히 우리의 테이블에 앉아 주었다. 이런저런 얘기를 재미나게 나누다 보니 그녀가 왜 밴프까지 오게 되었는지의 스토리를 듣게 됐다.

22살의 그녀는 1년 전 어학연수차 왔다가 얼마 지나지 않아 워킹 홀리데이와 비슷한 형태로 캐나다를 여행하기 시작했다. 한국인이 많지 않은 퀘벡의 몬트리올을 시작으로 대부분의 여행지를 다 돌아보고, 점점 서부로 이동하다가 알버타의 밴프까지 와버린 거였다. 동부에서 서부까지 캐나다의 드넓은 지역을 여자 혼자 용감하게 여행한 이유를 묻자, "본격적으로 사회에 나가기 전에 공부보다는 다양한 경험을 하고 싶었어요"라고 유쾌하게 답했다. "여행 비용은 중간 중간 이렇게 커피숍에서 돈을 열심히 벌어서 충당했어요. 덕분에 여러 도시에서 일을 해볼 수 있었죠"라고 덧붙여 나를 놀라게 했다.

환한 미소와 밝은 성격에 붙임성도 있고, 처음 만난 우리에게 허심탄회하게 자신의 얘기를 풀어놓는 여유로운 그녀의 모습을 보며 감탄했다. 아마도 캐나다에서 보낸 1년간의 멋진 여정이 지금의 그녀를 만들어준 것이 아닐까 하는 생각과 동시에, 지금 내가 하고 있는 여행은 그녀에 비해 참으로 편한 여행인데 하루 종일 '추워 죽겠다, 힘들다'며 투정만 부렸던 모습이 내심 부끄러워지기까지 했다. 나중에 멋진 카페나 게스트하우스를 차린다면 그녀를 매니저로 쓰고 싶은 욕심이 들 정도로 멋진 친구였지만, 그날 밤 짧은 만남을 끝으로 아쉬운 이별을 해야만 했다.

그녀를 시작으로 나는 밴프에서 많은 현지인뿐 아니라 여행자들과 즐거운 대화를 나눌 수 있었다. 간만에 '진짜' 여행을 하는 뿌듯함이 내내 들었던 그때의 일정은, 강추위와 살인적인 스케줄에도 불구하고 삶에 큰 자극이 되었던 추억으로 남아 있다.

호텔리어가 된
한국인 유학생

이듬해 떠났던 서호주 여행에서는 좀 더 용기를 내보기로 했다. 퍼스 시내 한복판에 위치한 비즈니스 호텔 홀리데이 인Holiday Inn 에 체크인한 이튿날, 아침 식사를 하려고 1층의 레스토랑에 들어서자 동양인 여직원이 나를 향해 반갑게 한국말로 인사를 건넸다.

"안녕하세요?"

나중에 알게 된 일이지만 한국인 유학생인 그녀는 투숙객 중 유일한 한국인이었던 내가 반갑고 궁금했다고 한다. 다음 날 아침 식사 때 다시 그녀를 만난 나는 조심스레 인터뷰 요청을 했고, 시원시원한 성격의 그녀는 흔쾌히 OK를 해주었다. 그날 오후, 우리는 야외 바에서 시원한 생맥주 한 잔을 앞에 놓고 두 시간 내내 경쾌한 수다를 나누었다. 25살의 3년차 유학생이 들려주는 퍼스에서의 일과 공부, 살아가는 이야기는 그야말로 책 한 권을 가뿐히 쓸 수 있을 만큼 우여곡절도 많고 흥미진진했다.

한국에서는 대학교를 다니다가 전공이 맞지 않아서 도중에 그만두고 호주에 오게 됐다는 그녀는 처음에는 음악치료나 공부해볼까 하는 막연한 생각으로 왔을 뿐 꿈도 목표도 분명하지 않았다고 한다. 어학연수 초기에는 클럽 등지를 다니며 집에서 보내준 용돈을 쓰기 바빴는데, 처음엔 1달러가 100원처럼 느껴질 정도로 돈 개념이 없어 500달러, 1,000달러를 한번에 펑펑 쓴 적도 있을 정도였단다. 무절제한 생활을 8개월가량 지속하자 자연히 유학 생활은 어려워졌고, 돈을 벌기 위해 호텔에서 무작정 일을 시작했는데 의외로 새로운 사람을 만나는 서비스업이 자신에게 너무 잘 맞는다는 사실을 발견했다. 덕분에 지금은 집에서 금전적인 지원을 전혀 받지 않고 생활비에 학비까지 모두 해결하는 슈퍼우먼으로 거듭났다. 퍼스 중심가에 있는 호텔전문학교 ASTHM에 다니면서 홀리데이 인 호텔에서 파트타임으로 일하고 있는 그녀는 "지금 하고 있는 공부와 일에 너무 만족해요"라며 활짝 웃었다. "유학 와서 가장 달라진 점이 무엇이냐"는 나의 질문에 "내 물건 하나하나가 소중하고 안 잃어버리는 버릇이 생겼거든요. 아무래도 더 꼼꼼해진 것 같아요. 그리고 한국에 있을 때는 식당에서 주문도 못할 정도로 숫기가 없었는데 지금은 레스토랑에서 음식이 잘못 나오면 매니저를 불러 얘기할 정도라니까요"라고 말한다.

하지만 즐거운 만큼 힘든 날도 부지기수다. "방학 때는 학생 신분이라도 노동시간 제한이 없거든요. 지난 방학 때는 2주 동안 하루도 안 빠지고 계속 일했더니 세금 떼고 300~400달러 정도 벌었는데요. 일 끝나고 긴장이 풀리는 순간 코피가 주르륵 나는데 덜컥 놀랐어요. 오프닝영업 개시을 맡은 날에는 새벽 5시 30분에 출근해서 1시간 동안 아침 식사 뷔페 세팅을 해요. 아침에 일찍 일어나는 게 가장 힘들어요"라며 조금 피곤한 표정을 짓는 모습에서 지금의 생활을 개척하기까지 얼마나 고단하고 힘겨웠을지를 감히 미루어 짐작해봤다. '과연 나에게는 낯선 땅에서 새로운 삶을 개척할 만한 용기가 있을까?'라는 질문이 저절로 고개를 드는 순간이었다.

여행지에서 만난 한국인과의 대화는 때로 현지인과 나누는 대화보다도 더 오랫동안 기억에 남아 여행의 한 페이지를 차지한다. 나와 같은 땅에서 나고 자란 그들이 이 먼 땅까지 날아와 삶의 영역을 조금씩 넓혀가는 과정을 엿보는 일은, 지금까지의 내 삶을 되돌아보고 열정의 불씨를 되살리는 데에 특별한 힘을 발휘했다. 특히 회사를 이직해야 하는 힘겨운 결정을 앞두고, 커리어에 대한 고민을 뒤로 한 채 삶에 대한 애착과 열정이 식어가는 모습에 대한 두려움을 마주하고 떠난 여행에서는 나보다 조금 더 힘든 결정을 내리고 이곳으로 와야만 했던 그들의 얘기를 통해 반성과 위안을 동시에 할 수도 있었다. 물론, 이미 '현지인'이 다된 그들이 입에 침을 튀겨가며 알려주는 숨겨진 맛집과 쇼핑 정보는 기분 좋은 보너스였다.

여행지를 추억하게 해줄 와인과 식료품

여행을 앞두고 짐 싸기를 막 끝마친 나의 커다란 레드 캐리어 절반 이상의 공간이 아직도 텅텅 비어 있다. 여행지에 도착해 가방을 열어보면 한쪽으로 짐이 우르르 쏠려 있을 정도로 처음에 가방을 비우고 출발하는 이유는, 당연하지만 그만큼 채워오기 위해서다. 여행에서 오감을 꽉 담아오는 만큼, 가방을 채우는 일도 무척이나 중요하게 여긴다. 지금까지 40개국 이상 여행과 출장을 다니면서 단 한 차례도 가방 무게가 25kg 이하였던 적이 없었을 만큼 나는 쇼핑을 좋아한다. 하지만 여행 가방을 채울 때는 나만의 독특한 원칙이 몇 가지 있다.

명품과 값비싼 화장품 쇼핑엔 관심이 없으므로 면세점 쇼핑은 최소화할 것, 현지에서의 쇼핑은 철저한 사전 정보현지 거주자의 블로그 등을 참고를 바탕으로 '한국에서 사면 비싼데 현지에서는 저렴한' 아이템을 고를 것, 한국에 도입된 브랜드를 쇼핑할 때는 반드시 한국에 미처 수입되지 않은 제품을 선별해 사올 것, 실제 나의 라이프스타일을 업그레이드해주는 데 도움이 되는 품목일 것 등이다.

이 모든 원칙은 '보수적인 쇼핑을 경계한다'는 전제를 깔고 있다. 여행지에서 너 나 할 것 없이 사오는 품목들, 즉 유명 가이드북에 요란하게 소개된 토산품이나 특산물, 기념품 등은 거의 1순위로 제외된다. 또한 길을 지나다가 10명 중에 9명은 들고 있는 명품 가방을 면세점에서 몇십만 원 싸게 사는 쇼핑 따위는 여행에서 얻고자 하는 가치가 아니므로 역시 관심 밖이다. 대신 실용적이면서도 여행의 여운을 오랫동안 간직할 수 있는 아이템이 가장 먼저 쇼핑 리스트에 들어간다.

방문한 국가에 상관없이 어느 나라에서든 일단 구입하고 보는 아이템은 우선 현지에서 가장 유명한 브랜드의 커피 원두와 차 몇 봉지, 현지 음식을 손쉽게 해먹을 수 있는 양념과 식재료, 가방 무게가 허락된다면 해당 지역에서 생산된 와인 한 병 정도다. 개인적으로 요리에 관심이 있어서 이런 쇼핑 리스트를 가지고 있기도 하지만, 삶을 좀 더 풍요롭게 해주는 여행의 산물 중에 '식도락'은 가장 큰 비중을 차지하기 때문이기도 하다.

특히 와인은 미국의 캘리포니아나 프랑스처럼 와인 산지로 유명한 곳뿐만 아니라 와인과 그다지 인연이 없을 것 같은 나라에서도 요즘은 내수용으로 생산하기 때문에 그 나라만의 독특한 와인 맛을 볼 수 있다. 최근 신흥 와인 산지로 떠오르고 있는 북아프리카의 모로코에서는 375ml의 작은 레드 와인 하나를 가방에 넣어 왔었고,

태국에서는 망고스틴을 넣어 만든 독특한 로컬 와인 한 병을 어렵게 사와 친구들과 파티할 때 즐겁게 나눠 마시면서 여행의 추억을 되새길 수 있었다. 와인이나 술 등의 병 액체류는 사실 여행가방에 넣어서 입출국하기가 상당히 까다로운 아이템인데, 나는 대부분 기내용 가방을 쓰지 않고 항공편으로 부친다. 옷가지로 병을 잘 포장해 짐을 싼 다음 입출국 때 항공편으로 보내 지금까지 단 한 번의 사고도 없이 무사히 집까지 모셔올 수 있었다.

무거운 병이 부담스럽거나 술을 그다지 즐기지 않는다면, 커피 원두나 홍차와 같은 가볍고 실용적인 마실 거리를 강력 추천한다. 한국도 이제는 원두커피 산업이 엄청나게 커졌지만, 여전히 원두 가격은 외국에 비해 비싼 편이다. 더구나 홍차는 유명 브랜드가 대부분 한국에 수입되지 않기 때문에 마니아들은 수입 대행업체를 이용할 정도로 구하기 어려운 품목 중의 하나다. 커피나 차 종류는 세계 어느 도시에서 사더라도 한국보다 훨씬 선택의 폭이 넓고 질 좋은 제품을 살 확률이 높다.

개성 넘치는 패션 아이템과 익살스런 미니어처

여행을 떠나기 전에 평소 관심 있는 브랜드 웹사이트에서 사고 싶은 아이템의 가격과 종류를 대략 파악하고, 가능하면 현지 웹 사이트에서 같은 아이템이 있는지, 없다면 그곳에서만 살 수 있는 레어 아이템은 어떤 게 있는지 조사해두면 쇼핑을 매우 빠르고 효율적으로 끝낼 수 있다.

얼마 전 싱가포르의 액세서라이즈 매장에서는 100싱가포르 달러의 예쁜 클러치를 18싱가포르 달러한화 1만 6천 원 상당라는 엄청 저렴한 가격에 사왔는데, 국내에서는 8만 5천 원에 같은 모델을 팔고 있는 걸 확인했다. 이럴 때 해외 쇼핑의 뿌듯함을 느낀달까? 또 일본에 갈 때면 유니클로 매장에 꼭 들른다. 우리나라에 널린 유니클로 매장을 굳이 왜 가냐고? 게다가 엔고 시대에는 일본보다 한국 가격이 비슷하거나 싼 경우도 많다. 그러나 하나는 알고 둘은 모르는 소리다. 일본에는 한국에서 사기 어려운 품절 인기 아이템, 미발매 제품을 만날 기회가 생기니 미리 사고 싶은 옷을 파악해두면 오히려 알뜰한 쇼핑을 즐길 수 있다. 참고로 홍콩 유니클로의 가격은 일본이나 한국보다도 더 저렴하다. 물론 환율에 따라 항상 변동이 생길 수 있으니 각국의 환율 대비 가격을 체크해두는 건 기본 센스다.

신발과 가방처럼 투자를 해야 하는 품목은 해외 아울렛을 이용해 저렴하게 쇼핑한다. 익히 알려진 대로 한국 면세점이 세계에서 가장 저렴하게 명품을 살 수 있는 곳임에는 틀림없지만회원제, 쿠폰, 세일 덕분에 국내에 입점하지 않은 브랜드나 노-세일 브랜드는 해외 아울렛을 이용하는 것이 당연히 합리적이다. 그런데 해외 아울렛 쇼핑을 할 때마다 많은 한국인들이 기껏 어렵게 쇼핑몰까지 찾아와서 "살 거 없다"고 외치며 돌아다니는 장면을 많이 목격했다. 진짜 살만한 물건이 없어서라기보다는 브랜드와 아이템에 대한 지식이 전무한 경우가 더 많다. 자신을 멋지게 연출하고 싶은 욕심이 조금이라도 있다면 쇼핑 관련 책과 패션 웹진 등을 통해 각종 브랜드에 대한 기본 지식을 공부하고 쇼핑에 뛰어드는 게 훨씬 시간과 돈을 절약하는 길이다.

브랜드에 대한 어느 정도의 감각이 있다면, 기증품이나 중고 제품을 팔고 사는 채리티 숍Chariry Shop, 중고 물품 숍Used Shop이 크게 발달한 영국·미국 등의 영미권 국가에서 구제 쇼핑을 제대로 만끽할 수 있다. 샌프란시스코와 뉴욕 등지에서는 이러한 구제 숍을 어디서나 쉽게 발견할 수 있는데, 한국에서 프리미엄 진이라는 딱지를 달고 수십만 원에 판매되는 청바지와 명품 구두를 단돈 몇십 달러에 건질 수도 있다.

쇼핑과는 별개로 어느 여행지를 가든 꼭 사 모으는 수집 아이템이 있다면, 여행지의 개성이 익살맞게 담겨 있는 냉장고 자석마그넷이다. 덕분에 우리 집 냉장고에는 수십 개의 자석들이 저마다의 사연과 추억을 담은 채 옹기종기 붙어 있다. 해외여행이 보편화된 요즘에는 여행의 전리품도 테마를 정해 모으는 사람들이 많은데, 예전 출장에 동행했던 사람 중에 마그넷을 모은다는 분의 얘기를 듣고 나도 언젠가부터 하나씩 사 모으기 시작했다.

어떤 사람은 각국의 소형 코끼리 모형만 모으기도 하고, 여러 가지 모양의 종Bell만 모으는 사람도 있다고 한다. 사실 아이템은 찾아보면 무한정 많을 것이다. 냉장고 자석은 일단 기념품 중에 저렴한 축에 속하고, 귀국길에 공항에서 남은 동전을 처리하기에도 딱이다. 게다가 각 도시의 가장 특징적인 심벌을 담고 있기에 오랫동안 여행의 추억을 간직할 수 있다. 어느 도시든 이 자석을 팔지 않는 곳은 거의 없기 때문에, 먼 훗날 여행의 기록을 기념하기에 이것보다 좋은 아이템을 아직은 찾지 못했다. 지금까지 모은 것 중 가장 아끼는 자석은 뉴질랜드의 크라이스트처치를 상징하는 빨간 버스 모양의 귀여운 자석이다. 도심의 한 기념품 숍에서 발견하고 망설임 없이 데려왔다. 버스 위의 작은 광고판부터 안에 탄 사람들, 군데군데 칠이 벗겨진 낡은 세월의 흔적까지 고스란히 담고 있는 귀여운 미니어처다. 이 버스만 봐도 크라이스트처치의 거리 한 구석이 눈앞에 펼쳐지는 것만 같다.

고흐 미술관 대신 맥주 체험관에 가다

여행지 취재기자로 일하던 막내 시절, 처음으로 기획안을 내서 채택된 테마 기사의 타이틀이 '세계의 이색 박물관'이었다. 장장

6페이지에 걸쳐 전 세계에 숨어 있는 독특한 콘셉트의 박물관을 모아 소개하는 기획이었는데, 당연히 그 모든 박물관을 직접 가보고 쓸 수는 없었다. 과월호의 기사 데이터를 일부 활용하고 새로운 박물관들을 더 발굴해서 낑낑대며 기사를 썼다. 그때 가장 인상 깊었던 박물관 중의 하나가 네덜란드 암스테르담에 있는 맥주 체험 박물관 '하이네켄 익스피리언스Heineken Experience'였다. 맥주를 테마로 한 전시관은 전 세계에 수없이 많지만, 브랜드 스토리를 직접 오감으로 경험할 수 있는 기발한 체험관은 참신한 아이디어였다. 그로부터 몇 년 후 어느 날, 나는 암스테르담의 유명하다는 모든 미술관과 박물관을 다 제치고 하이네켄 익스피리언스의 입구에 서 있었다.

　　　탄생 137주년을 맞은 오랜 역사를 가진 맥주, 하이네켄의 탄생에 얽힌 케케묵은 이야기들을 보여주는 방법은 얼마나 많고 많을까? 하이네켄 익스피리언스는 먼저 멀티미디어로 스토리를 풀어내는 방법을 택했다. 당시의 오래된 펍을 재현해 놓은 컴컴한 공간으로 들어가면 눈앞에는 마치 실제 바텐더가 나와서 얘기하는 것 같은 대형 스크린이 펼쳐져 하이네켄의 탄생 스토리를 재미나게 감상할 수 있다. 빈티지 맥주통이 세워진 포토 라인에서 재미난 사진을 한 장 찰칵 찍고 나서 작은 전시관을 지나면 본격적인 맥주 주조실이 나온다. 놀랍게도 예전에 썼던 맥주 주조관 안에 다양한 멀티미디어 콘텐츠를 설치해 놓아서 모두들 머리를 통 안으로 들이밀기 바쁘다. 그 옆에는 맥주가 만들어지기 직전의 발효주를 직접 시음하는 코너,

슬쩍 맛보니 시큼한 보리 향기가 입안에 퍼진다.

　　　　이쯤 되면 슬슬 맥주 자체에 대한 호기심이 올라온다. 이때 'Brew you ride, be the beer'라는 문구가 쓰인 벽이 보이고, 스태프가 다가와 "지금부터 무슨 일이 일어날지, 짐작하겠니?"라고 물으며 긴장감을 고조시킨다. 곧이어 들어간 어두컴컴한 소극장 같은 공간에서 의자 없이 긴 손잡이를 잡고 서서 앞에 나오는 영상을 보게 된다. 맥주 제조 과정을 담은 실사와 애니메이션이 합쳐진 재미난 영상과 함께 갑자기 바닥이 움직이고 흔들리기 시작한다. 심지어 보리가 물과 만나는 영상이 나오는 순간엔 벽면에서 진짜 물방울이 얼굴로 튀는데 정신이 쏙 빠진다. 4D로 만들어진 맥주 영화인 셈이다. 헛헛 너털웃음을 지으며 밖으로 나오니 붉은색으로 꾸며진 미니 바에서 맥주 테이스팅 법을 알려주는 강의가 열리고 있다. 다른 한편에는 맥주병에 자신만의 문구나 이름을 새겨 가져갈 수 있는 가상의 공장이 마련되어 있다.

　　　　이렇게 온몸으로 맥주를 진하게 느끼고 나면, 누구라도 이 순간을 다른 이와 공유하고 싶어질 것이다. 하이네켄 익스피리언스는 이 욕구를 놓치지 않고 채워준다. 포토 메일과 비디오 메일 중 하나를 선택해 카메라 앞에 선 후 사진을 찍으면 합성된 사진을 자신의 이메일로 보내준다. 뮤직비디오의 배경으로 비디오 메일을 만들어 보낼 수도 있다. 수많은 외국인들의 우스꽝스러운 댄스를 보고 있자니 혼자서 뮤직비디오까지 찍기엔 차마 민망해서 합성 사진을 찍은 뒤 열심히 일하고 있을 회사 동료들에게 전체 메일로 보내는 만행을 저질렀다메일을 받은 이들의 반응은 상상에 맡긴다!. 이상의 모든 체험이 끝난 후 마지막 코스로 시원한 생맥주를 쭉 들이키는 순간, 입장료 15유로와는 비교할 수 없는 추억을 만들었다는 뿌듯함이 절로 들었다. 글로벌 브랜드가 전개하는 체험 마케팅의 진수를 제대로 만끽할 수 있었던, 맥주보다 더욱 짜릿하고 시원한 경험이었다.

인생에서도 때때로 용기가 필요한 순간이 오듯이, 삶의 축소판인 여행에서도 때로는 능동적인 액티비티가 가미되어야만 생산적인 가르침을 얻을 수 있다. 이러한 액티비티는 스쿠버다이빙이나 등산처럼 몸을 움직이는 레저나 스포츠를 뜻하는 것이 아니라, 그 나라의 문화와 역사를 반영한 콘텐츠를 직접 발굴하고 체험하는 활동을 의미한다. 여행지에서 빛나는 아이디어를 얻어 삶을 풍요롭게 가꾸고자 한다면 '체험'의 비중을 지금까지보다 훨씬 크게 늘려야 할 필요가 있다.

다른 문화 속에 온몸으로 빠져들기

자, 여행을 다녀와서 기억에 오랫동안 남는 사건이 정확히 어떤 순간인지를 떠올려보자. 나와 다른 삶과 문화를 멀찌감치 떨어져서 수동적으로 바라만 보는 '관광'은 오직 '사진' 같은 저장 매체로만 간직할 수 있을 뿐이다. 나는 "여행에서 남는 건 사진밖에 없다"는 말을 좋아하지 않는다. 여행의 추억과 가르침을 머리와 가슴 속에 오래 간직하고 삶으로 연결하기 위해서는 시각적인 자극만 할 게 아니라 오감을 깨우고 자극해야만 한다.

일본의 대도시 오사카는 해마다 수많은 한국인들이 방문하는 인기 여행지다. 하지만 오사카를 다녀와서 한국 여행자가 남긴 수많은 기록 중에 쇼핑과 맛집 순례, 오사카 성 관광 외에 남다른 체험기를 발견한 적은 거의 없었다.

나는 오사카 여행에서 가장 기억에 남는 사건을 딱 두 가지 꼽는다. 오사카 주택 박물관에서 붉은빛의 유카타를 정식으로 갖춰 입고 에도 시대를 생생히 재현한 골목을 걸으며 구경했던 일, 그리고 셀프 오코노미야키 집을 찾아가 직접 만들어 먹었던 일이다. 수동적으로 여행했다면 여느 호텔에 비치된 멋대가리 없는 잠옷 대용 유카타를 입고도 그저 신기해했을 테고, 오코노미야키 역시 오직 맛있게 먹는 데만 집중했을 것이다. 하지만 두 번의 작은 체험을 거치면서, 내가 가진 짧은 잣대로 일본 문화를 평가하는 것과 직접 경험하는 것은 매우 큰 차이가 있음을 깨달았다. 옷을 입고 요리를 해보는 문화 체험을 하면서 여행과 마케팅에 대한 개인적인 아이디어를 적잖이 충전했음은 물론이다.

많은 사람이 "직접 내 눈으로 보고 느끼겠다"는 굳은 마음가

● ● 전통복장을 체험할 수 있는 오사카의 주택박물관.

짐으로 여행을 떠나지만, 막상 타지에서 현지의 문화를 체험하기 위해서는 적지 않은 뻔뻔함이 필요한 것도 사실이다. 앞서 소개한 맥주 박물관이나 주택 박물관처럼 입장료만 내면 어느 정도 쉽게 체험할 수 있는 것도 있지만, 터키의 전통 목욕탕 하맘에서 때밀이 아저씨아줌마도 아니고 게다가 털북숭이 아저씨!에게 붙잡혀 때를 밀어야만 했던 웃지 못할 체험에는 그보다 큰 용기가 필요했다. 하지만 목욕탕 밖에서 차마 용기를 못 내고 목욕을 거부했던 몇몇 일행은 과연 십여 년 전 그 순간을 지금도 기억할까? 여행의 현장이 풍성해질수록 여행을 다녀온 뒤의 삶은 더욱 풍요로워진다. 우리와 다른 문화 속에 직접 뛰어드는 수고를 조금씩 늘릴수록 여행은 점차 수동적인 관광을 벗어나 새로운 생각과 아이디어를 만들어내는 생산적인 여행으로 변한다.

당신은 여행지에서 어떤 '체험'을 하고 있는가. 혹시 다 차려진 밥상에 숟가락만 얹듯이 뻔한 미술관이나 박물관만 훑고 쇼핑몰만 다니면서 체험 여행을 하고 있다고 착각하지는 않는지, 혹은 여행지에서 우연히 자신에게 찾아온 사건을 체험의 일부라고 합리화하지는 않는지 돌이켜보자. 내게 어울리는 라이프스타일과 필요한 아이디어를 얻기 위한 스마트한 여행에서 '체험'이란, 직접 수고해 여행지의 정보를 충분히 탐색하고 선별해서 뛰어드는 능동적인 문화적 체험을 의미한다. 그 도전에 대한 결과는 생각보다 매우 신선하고 놀라울 것이다.

언어에 대한 두려움을 버리면
얻어지는 것들

지난 2010년 여름에 개봉한 블록버스터급 영화의 프리미어 시사회에 초대되어 미국 LA에 방문했을 때의 일이다. 최근 글로벌 영화 시장이 커지면서 프로모션의 일환으로 프리미어 시사회에 각국의 일반인을 초대하는 이벤트가 늘고 있는데, 한국에서는 운 좋게도 내가 선발되었고 저 멀리 이탈리아 밀라노에서도 행운의 한 쌍이 초청되어 같은 호텔에 묵게 되었다.

시사회 전야제의 일환으로 한 러시안 레스토랑에서 식사를 하게 되었는데, 미국 에이전시에서 온 현지 스태프 2명과 한국에서 날아온 나, 이탈리아 커플 2명이 처음 만나 한 테이블에서 식사를 하는 흔치 않은 상황이 벌어졌다. 모두들 당황스러운 기색이 역력한 가운데, 정작 그 대화를 주도한 사람은 놀랍게도 영어에 가장 서툴렀던 밀라노 토박이 알베르토였다. 적극적으로 자신을 소개하고 유머러스하게 분위기를 띄우려는 그의 노력 덕분에 어색했던 분위기는 금세 훈훈하게 밝아졌고, 나 역시 한국의 IT 산업과 아시아의 한류 열풍을 영어로 소개하며 즐겁게 대화에 빠져들게 되었다. 얘기를 나누면서 미국과 유럽에도 한국의 영화와 음악이 생각보다 많이 알려져 있다는 사실을 알게 되었고, 한국인으로서 큰 자부심을 느꼈음은 물론이다. 그때 만난 이탈리아, 미국 친구들과는 여행 내내 즐거운 시간을 보냈으며 페이스북을 통해 지금까지도 안부를 주고받고 있다. 언어의 두려움을 버리는 순간 사람을 얻는다. 여행자에게 가장 중요한 소통 능력은 언어가 아닌 태도Attitude라는 점을 잊지 말자.

아메리카, 유럽, 아시아, 아프리카 등 대륙을 가리지 않고 멋진 도시라면 어디든 일단 가고 보는 내가 온·오프라인을 통틀어 가장 많이 받는 질문이 "말이 안 통하는데 어떻게 다니세요? 안 무서우세요?"이다. 이 질문을 받을 때마다 한국이 얼마나 지리적·민족

적으로 폐쇄적인 특성을 갖고 있는지를 새삼 느끼게 된다. 영어를
향한 한국인의 뿌리 깊은 공포는 이제 광기를 넘어 계층을 가르는
잣대로까지 이용되고 있는 것이 현실이다. 영어 앞에서 필요 이상으
로 작아지는 한국인의 고질병은 모처럼 떠나온 외국 여행의 즐거움
을 반쪽짜리로 만들어 놓기 일쑤다. 하지만 실제로 여행지에서 꼭
필요한 영어 단어는 한 100개나 될까? 해외여행 경험을 조금씩 늘려
가다 보면, 우리가 가진 언어에 대한 두려움이 얼마나 잘못된 것인
지를 금방 깨닫게 된다.

여행자에게 필수적인 커뮤니케이션 능력은 유창한 영어 회
화 실력이 아닌, 열린 자세와 적극성이다. 여행자란 현지인의 익숙한
생활공간에 불쑥 끼어들 수밖에 없는 존재지만, 한편으로는 그들의
삶을 직간접적으로 체험하기 위해 찾아온 '준비된 이방인'이기도 하
다. 영미권에서는 옆자리에 앉은 낯선 사람과 가벼운 대화를 나누는
일이 지극히 자연스러운 일상이므로, 기회가 있을 때마다 거리낌 없
이 대화를 시도해보자. 이때 말이 나오지 않는다고 답답해하지 말자.
일단 상대의 얘기를 잘 들어주는 것만으로도, 혹은 공감의 뜻을 표
현하는 것만으로도 당신은 훌륭한 대화 상대가 된다.

● ● 여행하면서 직접 현지에 거주하는 한국인을 만나 인터뷰해보자. 단순히 새로운 문화나 구경거리를 보고 즐기는 여행을 넘어 삶에 강한 자극과 동기 부여를 할 수 있는 계기가 된다.

● ● 여행지에서 알찬 쇼핑을 하려면 철저한 사전 정보를 바탕으로 '한국에서 사면 비싼데 현지에서는 저렴한' 아이템을 선별하자. 또한 실제 나의 라이프스타일을 업그레이드해주는 데 도움이 되는 품목인지 생각해보자.

● ● 패션 아이템을 구입할 때는 여행을 떠나기 전에 해당 브랜드 웹사이트에서 사고 싶은 아이템의 가격과 종류를 대략 파악하고, 현지 웹사이트까지 미리 조사해두면 쇼핑을 매우 빠르고 효율적으로 끝낼 수 있다.

● ● 여행도 삶의 축소판이기 때문에 능동적인 체험을 통해 생산적인 가르침을 얻을 수 있다. 그 나라의 문화와 역사를 반영한 콘텐츠를 직접 발굴하고 체험하는 활동에 적극 참여해보자.

● ● 여행자에게 필수적인 언어 능력은 유창한 영어 회화 실력이 아니라 열린 자세와 적극성이다. 모르는 이와 대화하는 일이 처음에는 어렵더라도 기회가 있을 때마다 먼저 시도해보면 한층 나아진 모습을 발견하게 될 것이다. 여행은 소통이다.

Chapter 04

다른 세상을 만나는 기간별 맞춤 여행

3박 4일
짧지만 풍부한 여행 타이페이

대부분의 직장인이 현실적으로 꿈꿀 수 있는 휴가의 평균 기간은 약 4일이다. 주말 2일에 앞뒤로 연차를 붙이거나 운 좋게 이어진 황금연휴를 활용하는 방법이 일반적이다. 시중에 이러한 짧은 휴가를 이용해 해외여행을 떠나는 가이드북이 많이 나와 있지만, 대부분 중국이나 일본, 동남아 휴양지 등 판에 박힌 여행지만 소개하고 있어 선택의 여지가 별로 없어 보인다. 하지만 치밀한 사전 조사와 정보 분석, 그리고 약간의 운만 따라준다면 남들과 차별화된 여행지를 골라 알찬 일정을 꾸리기에 충분하다.

4일 여행에서 우선적으로 염두에 두어야 할 전제는 편도 항공편의 거리가 5시간을 넘기지 않을 것, 오전 항공편이 있어 출발 당일도 관광이 가능할 것, 한국인이 너무 많은 전형적인 관광지보다는 취향과 테마에 맞는 여행지를 고를 것 등이다.

개인적으로 일본이라는 여행지를 참 좋아하고 3~4일 단기 여행지로 많은 이들이 선호하지만 최근엔 직장인의 단기 여행지 패턴이 크게 변하고 있다는 소리도 들린다. 기존에 인기 있던 홍콩과 싱가포르는 물론이고 그동안 외면 받던 여행지들도 속속 재발견되고 있으며, 아직 한국엔 소개된 적 없는 숨겨진 여행지도 새롭게 주목받기 시작한 것이다. 자, 지도를 펴고 조금만 더 시야를 넓혀보자.

나처럼 도시 여행을 좋아하는 여행자라면 세련된 도시 '타이페이'에 주목할 만하다. 지난 2011년 7월 한국에서도 개봉한 대만 영화 〈타이페이 카페 스토리 원제 Taipei Exchange〉는 아시아 도시만이 가진 생동감 넘치는 아름다움을 너무나 예술적인 영상으로 그려냈다. 나도 이 영화를 보면서 타이페이 여행 계획을 세웠을 정도다. 아직 대만에 가본 적이 없다면 먼저 이 영화를 보며 여행의 감성을 한껏 채워보는 건 어떨까? 영화를 좇아 떠나는 나만의 '타이페이 카페 테마여행' 플랜을 세워보는 것도 좋겠다.

현재 대형 여행사에서 파는 대만 4일 패키지 상품은 충렬사

스마트한 여행자의
'타이페이 카페 테마여행' 일정

● ● 호텔

1박 20만 원 이상: W 호텔 타이페이_{시내 중심에 위치}

1박 20만 원 이하: 홈 호텔_{최근 리뉴얼해 오픈한 깔끔한 부티크 호텔}

● ● 항공

아시아나 항공_{오전 11시 출발}

● ● 일정

1일: 타이페이 도착 ▶ 호텔 체크인 ▶ 메인 스테이션 이동 ▶ 더 레드 하우스The Red House 디자인 상품 쇼핑 ▶ 도터 카페Daughter's Cafe 〈타이페이 카페 스토리〉 실제 배경 방문 및 주변 거리 산책

2일: 화산1914 아티스트 빌리지복합 문화 창작 공간 관람 ▶ 지우펀九份 이동 ▶ 지우펀九份 산책 및 아메이 찻집阿妹茶樓 방문 ▶ 시먼딩西門町으로 이동 ▶ 시먼홍러우西門紅樓 뒤편 카페 거리 구경 및 저녁 식사

3일: 궈푸지녠관國父紀念館 역 주변 카페 거리 산책 ▶ 중샤오둔화忠孝敦化 카페 골목과 VVG BonBon 캔디 카페 방문 ▶ 디엔수이러우點水樓에서 딤섬 저녁 식사

4일: 중산역中山站 피페이퍼 숍 디자인 상품 쇼핑 ▶ 공항 이동 ▶ 귀국

와 전망대, 각종 박물관과 마사지 숍 등 주로 효도관광으로 알맞을 듯한 정형화된 경로가 대부분이다. 부모님과 함께 떠나는 여행이 아니라면 굳이 한국인으로 바글거리는 관광지만 돌다 올 필요는 없다. 또한 최근 타이페이에는 감각적인 부티크 호텔이 속속 문을 열어 저마다의 개성과 합리적인 가격을 내세우며 젊은 여행자를 유혹하고 있다. 편리한 에어텔 상품도 좋겠지만 기호에 맞는 멋진 호텔을 하나하나 고르고 머무는 즐거움이 존재하는 도시가 바로 지금의 타이페이라는 사실을 염두에 두자. 예쁘고 저렴한 호텔에 묵으면서 세련된 카페 거리와 운치 있는 옛 도시를 동시에 즐길 수 있는 3박 4일 여행, 지금 당장 자신만의 테마 여행 코스를 만들어보자.

6박 7일
시차를 활용한 여행 샌프란스시코

기존 4일 휴가에 징검다리 휴일을 만나 1주일 정도의 시간이 생긴다면, 좀 더 과감한 여행지에 도전해볼 수 있다. 나는 지금보다 더 많은 사람들이 미국으로 여행을 떠나보기를 권장한다.

불과 몇 년 전만 해도 미국은 비자 없이는 갈 수 없는 멀고 먼 나라였고, 철벽수비에 가까운 악명 높은 비자 절차 때문에 쉽사리 여행을 결심하기 어려웠다. 하지만 전자여권 제도가 도입되면서 90일 동안 자유롭게 미국을 여행할 수 있게 되었고, 편리하게 이용할 만한 직항편도 많아졌다. 영어에 자신이 없을수록, 장거리 여행이 겁날수록, 오히려 미국행에 과감히 도전해보는 게 어떨까? 한국을 비롯한 글로벌 브랜드의 각축장을 최전선에서 관찰하고, 막연히 추측했던 좋은 점과 나쁜 점을 직접 맞닥뜨리며 지금의 내 위치와 경쟁력을 점검할 수 있는 더없이 좋은 여행지가 미국이다.

미국의 대표적인 도시 중에서도 여행 초보자라면 서부 캘리포니아의 샌프란시스코를 추천하고 싶다. 서울처럼 복잡한 뉴욕과는 달리 캘리포니아 대도시들은 특유의 여유로움과 탁 트인 자연 환경을 즐길 수 있어 휴가지로 매력적이다.

남부의 대표 도시 LA는 할리우드를 중심으로 멋진 관광지가 많지만 도시 규모가 워낙 넓어서 대중교통을 이용하기 불편하다. 하지만 북부의 샌프란시스코는 유럽의 관광 도시처럼 훌륭한 공공 인프라를 보유하고 있어 도보여행에 최적화되어 있다. 특히 지상 위로 다니는 열차 '트램'과 지하철, 버스 등으로 긴밀하게 짜여진 대중교통, 이를 손쉽게 이용할 수 있는 정액권 패스로 얼마든지 초보자도 여행할 수 있다.

1주일이면 외곽 지역 여행은 조금 빠듯해도 도심의 매력을 흡수하고 해변에서 캘리포니아의 뜨거운 햇살을 만끽하기에는 부족함이 없는 시간이다. 게다가 시차 덕분에 한국에서 오전에 출발하면 현지에 도착해도 다시 오전 11~12시니 조금 피곤하지만 당일부터 열심히 다닐 수 있다. 물론 귀국 스케줄은 조금 빠듯해진다. 휴가일이 모자라면 귀국 당일에 출근을 감수해야 할 수도 있다.

그렇다면 샌프란시스코를 어떻게 여행할 것인가? 사람마다 우선시하는 여행의 가치가 다르기 때문에 정답은 있을 수 없다. 사실 처음 여행을 계획할 때는 남들 다 가는 소위 '투어'를 꼭 일정에 집어넣어야 한다는 강박관념이 있었다. 하지만 실제로 현지에 가보니 알카트라즈 크루즈를 투어 프로그램 없이도 좋은 여행을 할 수 있었고, 샌프란시스코 도심을 다 둘러보기에도 모자랄 정도로 일정이 바빴다. 샌프란시스코는 미서부 전문 여행 커뮤니티에서도 "빠듯하게 돌아도 3일"이라는 말이 있을 만큼 볼거리가 많은 곳이다.

내가 짜본 다음의 5박 6일 일정은 실제로 어머니와 함께 2010년 10월에 샌프란시스코를 여행했던 일정을 거의 그대로 소개한 것이다. 아무래도 '여자들의 도보 여행'인 만큼 그 장점과 특징을 살리는 아기자기한 일정으로 구성했다.

관광 안내소의 시티맵 한 장만 있으면 가이드북이 따로 필요 없을 정도로 편리한 여행이 가능한 샌프란시스코에서 과감하게 넣어본 일정은, 악명 높은 마피아 알 카포네의 역사를 간직한 감옥섬 '알카트라즈 크루즈 투어'다. 불과 40여 년 전까지는 실제로 감옥으로 쓰였던 이 섬을 오가는 반나절 투어는 이제 세계 여행자들의 순례 코스가 되었다. 하지만 국내에는 별다른 정보가 없어서 인터넷으로 낑낑대며 예약하거나 현지 여행 상품을 이용하는 법 외에는 특

스마트한 여행자의
샌프란시스코 일정

1일: 출국 ▶ 시내 도착 및 관광 안내소 ▶ 케이블카 타고 피셔
맨즈워프Fishermans wharf 산책 및 저녁 식사

2일: 골든게이트 파크Golden gate park ▶ 드영 뮤지엄De Young
Museum 관람 ▶ 해이트 & 애시버리Haight&Ashburry 쇼핑

3일: 시빅센터 파머스 마켓 ▶ 페리 빌딩 구경 ▶ 알카트라즈
크루즈 투어

4일: 롬바르드 스트리트Lombard street ▶ 기라델리 스퀘어
Ghirardelli square ▶ 재팬타운 및 필모어 스트리트Fillmore
street ▶ SFMOMA 관람

5일: 샌프란시스코 공항행

6일: 귀국

별한 수가 없다.

나는 현지 여행사에 의존하지 않고 당일에 직접 알카트라즈
투어에 참가해보기로 했다. 오전 10시, 알카트라즈 크루즈가 출발하
는 항구 부두Pier 33엔 엄청난 인파가 몰려 있었다. 매표소에 차분히
줄을 선 지 30여 분 만에 표를 구입하는 데 성공! 단, 대기 인원이 많
아서 2시간 후에 탑승하는 표를 받는 바람에 일단 스트리트카를 타

고 페리 빌딩으로 가서 점심을 해결한 뒤, 시간 맞춰서 크루즈에 탑
승했다.

알카트라즈 투어는 잘 보존해 놓은 감옥 내부를 돌며 흥미진
진한 설명을 듣는 가이드 투어에 이어, 시원한 바다와 하늘이 펼쳐
진 트래킹 코스를 산책하는 일정으로 이루어져 있다. 영화 〈대부〉의
명장면을 떠올리며 여유롭게 반나절을 보내는 일정은 샌프란시스코
여행의 백미로 꼽고 싶다.

● ● 샌프란시스코 여행의 최고 백미는 알카트라즈 투어다.

 스마트하게 시작하는 나를 위한 여행

9박 10일
과감한 도전 여행 모로코

몇 년 전, 주말 전후로 징검다리 공휴일이 두 번 맞물려서 월차를 합하면 장장 10일을 놀 수 있는 초특급 연휴를 3개월 앞두고 있었다. 몇 년에 한 번 올까 말까 한 이 기회를 어떻게 잘 보낼까 고민하다가 두 도시를 여행지 후보에 올렸다. 영국 런던과 북아프리카의 모로코. 둘 다 카타르항공의 나름 저렴한 프로모션 가격을 보고 별 생각 없이 정한 것이었다. 하지만 나의 최종 선택은 모로코의 카사블랑카행 티켓이었다.

역시 '카사블랑카'라는 이름이 주는 설렘이 런던보다 크고 신비로웠다는 매우 단순한 이유가 선택에 영향을 미쳤다. 영국은 언제라도 맘만 먹으면 갈 수 있지만 모로코는 이번에 용기를 내지 않으면 평생 못 가볼 것 같았다. 무식해야 용감하다고, 숙소 예약조차 하지 않고 무작정 떠난 10일간의 모로코 여행은 그 어느 때보다 준비의 중요성을 뼈저리게 깨닫게 해준, 그리고 여행에 대한 자만심과 만만함을 모두 버리게 해준 경험이었다. 철저한 준비 없이 떠난 자유여행이어서 어느 정도의 고생은 각오했지만 정말 힘들고 고단한 여행이었다.

어느 나라를 여행하든 많은 준비와 정보 수집이 필요하지만 모로코는 특히 '아는 만큼 보인다'는 공식이 딱 들어맞는 곳이다. 한

마디로 '어려운' 나라다. 해외여행을 한두 번밖에 경험하지 않은 초보자에게는 권하고 싶지 않다.

우선 거리가 너무 멀다. 경유지인 카타르까지 10시간 가까이 비행기를 타고, 카타르에서 경유지 1박을 한 뒤 다시 8~9시간을 비행해야 카사블랑카에 도착한다. 게다가 모로코의 관광 인프라는 아직 미흡하다. 모로코는 올드 타운이 그대로 남아 있는 곳이어서 메디나성곽 안으로 들어가면 길을 잃기 일쑤인데, 가격 대비 좋은 숙소들은 바로 그 꼬불꼬불한 골목 깊숙한 곳에 위치해 있다.

모든 안내문은 영어가 아닌 불어로만 되어 있어 더 힘들었다. 영어가 통하는 곳은 관광객들이 득실득실한 기념품점이나 레스토랑 정도밖에 없다. 한국에 관광청도 아직 설치되지 않은 나라인 만큼, 여행 정보를 얻기도 어렵다. 여기에 동양인에 대한 지나친 관심과 무례까지 더해져 여행자를 쉽사리 지치게 한다. 내가 기대했던 모로코는 환상적인 색채의 골목 풍경, 신비한 고대 메디나의 분위기 등 그저 아름답기만 한 나라였다. 하지만 첫인상은 실망이었다.

그러나 모로코는 지나친 환상과 기대만 버린다면 일생에 한 번쯤은 꼭 가봐야 하는 나라다. 주요 관광지를 조금만 벗어나면 일상 그대로의 모로코 사람들을 만나는 것이 어렵지 않다. 마라케시와 같은 관광지에서도 현지인이 주로 가는 소박한 카페나 식당을 어디서든 찾을 수 있다. 관광객과 현지인이 확연하게 분리된 느낌이 드는 대부분의 선진국에서는 경험하기 어려운 감정이다.

대중교통_{기차, 버스}이나 숙박시설_{호텔, 게스트하우스}은 생각보다 잘 갖춰져 있다. 카사블랑카 국제공항에는 마라케시로 향하는 기차가 바로 연결되어 있어 별다른 사전 정보 없이도 쉽게 찾아갈 수 있었다. 또한 관광객을 상대로 등쳐먹는 너저분한 체인 호텔 대신 지역색을 담뿍 담은 아름다운 건축물을 개조한 게스트하우스에서 저렴하게 잘 수 있었다.

같은 아랍권이고 가장 좋아하는 여행지인 터키와 비교했을 때 모로코가 좀 더 힘들었던 건, 그만큼 아직 때묻지 않은 나라였기 때문이다. 터키에 비해 물가도 훨씬 싸고 원형의 이슬람 문화를 만날 수 있다.

지금 모로코는 변화의 과도기에 있다. 도심 한복판의 맥도날드와 이를 가로막는 미로 같은 흙벽의 옛 메디나, 유럽풍의 패셔너블한 젊은이와 검은 차도르의 아랍 여인, 프랑스 TV 채널과 아랍어 TV 채널……. 오랜 이슬람 관습과 아프리카라는 지역 특수성이 얽혀서 조금씩, 아주 천천히 변하고 있다. 카사블랑카에 들어선 트윈 타워와 그 주변의 자라, 망고 등의 대형 의류 매장은 서구식 문물이 모로코에도 서서히 스며들고 있음을 실감하게 한다. 지금은 올드 타운과 뉴 타운이 아슬아슬한 균형을 이루며 공존하고 있지만, 대형 마트가 재래시장을 잠식하는 서구식 발전이 가속화되면 지금의 옛 모습은 조금씩 훼손될지도 모르는 일이다. 그 전에 모로코가 간직한 수천 년의 역사와 풍경을 체험하고 싶다면, 더 늦기 전에 방문해볼 만한 가치가 있다.

나는 5월에 여행을 해서 6월에 열리는 에사우이라의 월드 뮤직 페스티벌과 로즈 페스티벌을 구경하지 못한 게 참 아쉽다. 모로코를 방문할 때는 멋진 축제가 열릴 때 맞춰서 가는 것도 좋은 방법이다. 나는 마라케시에서 4일, 카사블랑카에서 4일을 머물며 근처를 여유롭게 걸어서 돌아다니는 도보여행을 했다. 아무것도 하지 않았기에 그곳에서 비로소 여행자가 되어 돌아올 수 있었다. 여행 블로그를 본격적으로 시작하게 된 것도 바로 모로코에서 돌아온 이후다. 열흘간의 모로코 여행을 결심했다면, 여행의 늪에 본격적으로 빠질 마음의 준비도 단단히 하시길.

주요 관광지를 벗어나면 일상 그대로의 모로코 사람을 쉽게 만날 수 있다.

Part Ⅱ
절대 놓치지 말아야 할
여행 스팟은 따로 있다!

Chapter 05

감성을 자극하는
디자인 호텔

트렌디한 부티크 호텔의
최강자 시티즌엠

네덜란드의 수도이자 유럽 여행의 주요 거점인 암스테르담에서 사나흘 머무를 기회가 주어진다면, 당신은 어떤 호텔을 선택하겠는가? 아마도 여행 전이라면 호텔 예약 사이트를 검색해 중앙역에서 가깝고 가격도 적당한 별 3~4개짜리 예산이 넉넉하다면 5성급 호텔을 예약하거나, 한국 가이드북에 소개된 유명한 체인 호텔을 찾아가 빈방이 있는지 확인할 것이다. 만약 시내에서 전철로 세 정거장이나 떨어져 있는 변두리인 데다, 주변에 거대한 무역센터와 빌딩만 가득한 비즈니스 지구에 위치한 호텔이라면 한국 여행자의 십중팔구는 고개를 내저을 것이다.

하지만 "잘 고른 부티크 호텔, 별 다섯 호텔 부럽지 않다"는 사실을 유쾌하게 증명하는 야심찬 호텔이 바로 그런 곳에 숨어 있다. 세계에서 가장 영향력 있는 여행 커뮤니티 '트립 어드바이저Trip Advisor'에서 2010~2011년 연속 '세계에서 가장 트렌디한 호텔Trendiest Hotel in the World'로 선정된 '시티즌엠Citizen M'이다. 일반적인 부티크 호텔이 인테리어나 서비스에서 개성을 보여주는 정도라면, 시티즌엠은 현대 기술과 디자인이 인간의 여가에 얼마나 큰 영향을 주는지 명확하게 보여주는, 차원이 다른 호텔이다.

네덜란드 여행을 앞두고 호텔을 알아보다가 우연히 발견한 시티즌엠의 웹사이트는 디자인부터 일단 시선을 한눈에 사로잡았다. 대부분의 호텔 웹사이트는 평범한 객실 소개와 예약 서비스 등 보편적인 콘텐츠로 채워져 있기 마련인데, 시티즌엠의 메인 페이지는 흥미로운 애니메이션과 자체 제작한 웹진이 먼저 눈에 띄니 '재미있다!'는 첫인상으로 시작한다. 〈시티즌맥〉이라는 웹진을 클릭하니 놀랍게도 호텔 홍보 기사가 아닌, 여행자에게 필요한 최신 여행 정보가 멋진 레이아웃으로 편집되어 있다.

또한 호텔로서는 유례없는 자체 디자인 숍을 운영하고 있는데 자사 시그니처가 새겨진 모자, 샴푸, 비누 등을 팔고 있다. 이토록

 절대 놓치지 말아야 할 여행 스팟은 따로 있다

전면에 디자인과 문화를 내세우는 호텔의 객실은 어떨지 더욱 호기심이 생겨 '호텔 콘셉트' 메뉴를 클릭하니, 사진부터 비디오, 가상 투어까지 온갖 멀티미디어를 활용한 감각적인 객실 소개로 무장해 온라인으로 미리 들여다보는 재미가 쏠쏠하다.

그런데 가장 중요한 객실 가격을 보니 시내에 있는 허름하고 별 볼 일 없는 별 3~4개짜리 호텔보다도 저렴한 100유로부터 시작하는 게 아닌가. 졸지에 아까 체크해뒀던 다른 호텔은 싹 잊어버리고 시티즌엠으로 단숨에 예약 결정! 예약 페이지로 가보니 예약 과정도 평범한 건 하나도 없다. 객실 타입을 선택하면 조명 컬러, 배경 음악 설정까지 사용자 맞춤으로 예약할 수 있는데, 순간 카드를 긁어야 한다는 슬픔은 잠시 잊고 그저 피식피식 웃음만 나온다. 내 돈 내면서 즐거운 기분이 드는 호텔이라니, 덕분에 여행이 더 기다려질 지경이다.

열흘간의 네덜란드 일정 내내 마지막 이틀만을 손꼽아 기다렸던 건, 시티즌엠을 예약해 놓은 날이 드디어 왔기 때문이었다. 기대 가득한 마음으로 암스테르담 중앙역에서 기차역으로 세 정거장 떨어진 자위트Zuid 역으로 향한다. 역 바로 앞의 WTC월드 트레이드 센터를 지나 5분 정도 걷다 보면 입구에 그려진 커다란 핑크색 M자가 여행자를 반긴다. 빨간 유리벽으로 만들어진 호텔 입구에 들어서니 온갖 독특한 디자인 의자로 가득한 로비가 보인다. 전체적으로 모던하면서도 편안한 분위기의 로비는 널찍한 휴게 공간과 전용 바

Bar로 구성되어 있다. 빨간 티셔츠 차림의 발랄한 여자 직원이 컴퓨터 화면 옆에 서서 셀프 체크인을 안내해준다. 한국에서 온라인 예약한 내역을 몇 가지 입력하면 허무할 정도로 간단하게 체크인이 되고, 내 이름이 새겨진 예쁜 카드키가 즉석에서 발급된다. 시티즌엠의 '시민Citizen'이 되었음을 환영하는 메시지의 카드키는 체크아웃 후에 기념으로 가져갈 수 있으며, 여행가방의 러기지 택Laggage tag으로도 활용할 수 있게 디자인되어 있다.

　　순식간에 체크인을 마치고 붉은 카펫이 깔린 객실 복도를 지나 내 방으로 향한다. 객실 손잡이에는 "방해하지 마세요Do not Disturb"라고 쓰인 알림 대신 샤워 중인 여성 캐릭터와 함께 "들어오지 말아 주세요. 여기 옷 벗은 누군가가 있어요"라는 센스 넘치는 문구가 걸려 있어 웃음을 자아낸다. 드디어 들어선 원룸 형태의 객실에는 놀랍게도 어떠한 벽도 존재하지 않았다. 방 안에 세면대와 변기, 샤워부스, 침실까지 다 오픈되어 있지만 서로의 영역을 전혀 침범하지 않는 신기한 구조로 설계되어 있었다. 이를테면 변기와 샤워부스는 열고 닫는 통유리 문으로 처리되어 있고, 침실은 가장 안쪽에 있어 편안한 휴식을 보장해준다.

　　침대 옆에 있는 리모컨에 선명하게 뜬 내 이름을 발견했을 때, 시티즌엠이 추구하는 가치가 무엇인지를 비로소 깨달을 수 있었다. 사실 인터넷 예약을 할 때 원하는 객실 분위기비즈니스, 로맨스, 휴양지 등를 미리 고르라는 옵션이 있어 이게 뭘까 의아했는데, 그때 선택했

● ● 시티즌엠의 감각적인 욕실 용품 패키지(좌) / 독특한 칵테일을 맛볼 수 있는 배(우).

던 분위기 그대로 미리 조명과 방 온도 등이 세팅되어 있었던 것. 물론 비치된 리모컨을 통해 방 분위기는 물론이고 TV나 전기도 모두 조절할 수 있도록 통합적인 기능을 제공하고 있었다. 여행에서 호텔이 제공해줘야 하는 가장 중요한 가치인 '휴식'의 의미를 잘 이해하고 있다는 생각이 들었다. 깃털이 든 푹신푹신한 침구 세트도 너무나 편안해서 한번 누우면 계속 눕고 싶은 마음이 들 정도였다.

둥근 원형의 샤워부스에는 citizenAM과 citizenPM이라고 적힌 2개의 통이 놓여 있었다. 각각 샤워젤과 샴푸 겸용으로 쓸 수 있는 이 비누는 아침과 저녁에 각기 다른 향으로 샤워를 즐길 수 있도록 한 것이다. 이곳의 호텔용품은 검은 패키지에 하얀 로고가 가득한 디자인으로, 심플하지만 독특한 아이덴티티로 모두 통일되어 있었다. 물론 이 제품들은 홈페이지의 온라인 숍을 통해 판매하니 마음에 드는 용품을 구입해서 여행의 추억을 오랫동안 되새길 수도 있겠다.

객실의 깨알 같은 어메니티를 하나하나 구경하다 보니 이러다가 방에서 한 발짝도 안 나가겠다 싶어 서둘러 1층의 로비로 내려가 본다. 로비를 한 바퀴 돌고 나니, 호텔 안에만 머물러도 충분히 즐겁겠다는 확신이 다시금 고개를 든다. 우선 아이폰을 켜서 다른 사람들은 시티즌엠을 어떻게 즐기고 떠나는지 살펴보기로 했다. 위치 정보 서비스 포스퀘어 앱을 실행해 시티즌엠에 체크인을 하니, 이곳을 거쳐 간 전 세계 여행자들의 보석 같은 팁이 빼곡하게 쌓여 있다. 그런데 이때 핸드폰 화면에 '마티니 칵테일 20% 세일' 쿠폰이 불쑥 뜬다. 시티즌엠에서 포스퀘어 사용자를 위해 마련한 작은 이벤트인 셈이다. 해외여행에서 처음으로 모바일 쿠폰이나 한번 사용해볼 겸 곧장 바Bar로 직행하였다.

바에는 범상치 않은 패키지의 음료와 일본 음식, 테이크아웃 푸드가 가득 진열되어 있었다. 객실에서 먹기 위해 자체 시그니처가 새겨진 세련된 디자인의 생수와 일본 녹차 맥주, 스시 한 팩을 계산했다. 그리곤 용기를 내어 칵테일 바에 홀로 앉아 마티니 한 잔을 주문하면서 쿠폰 화면이 든 스마트폰을 내밀었다. 직원이 고개를 끄덕거리며 주문을 받았고, 곧이어 그을린 오렌지 껍질을 띄운 독특한 향의 마티니 칵테일이 나왔다. 그런데 포스퀘어 쿠폰에 아직 익숙하지 않았던 바텐더가 20% 쿠폰을 1+1로 알아듣고 한 잔을 더 만들어 주는 게 아닌가? 어떻게 설명할 길도 없고, 마침 옆자리에 사람도 없어서 말동무도 못 사귀고, 졸지에 이역만리 먼 땅에서 한국여자 혼자 얼큰하게 술에 취해 쓸쓸히 객실로 향했다는 웃지 못할 이야기. 어쨌든 시티즌엠은 모바일 세대를 위한 차별화된 마케팅을 적극 시도하고 있어 여러모로 배울 점이 많았다. 이곳에서 머물게 된다면 술을 마시지 않더라도 바에는 꼭 가보길 권한다.

　　네덜란드의 부티크 호텔 시티즌엠은 단순한 새로움을 뛰어넘어 '호텔의 혁신'을 보여주는 훌륭한 호텔이었다. 현재 암스테르담 스히폴 공항과 도심 자위트 역, 영국 글래스고에 체인이 있으며 최근 런던과 뉴욕에도 각각 두 곳의 체인이 오픈 확정된 상태다. 나아가 중국과 홍콩, 유럽의 파리, 밀라노, 취리히에도 신축할 부지를 검토 중에 있다고 하니 세계적인 부티크 호텔 브랜드로 거듭날 준비가 이제 막 한창인 셈이다. 객실료는 싱글룸 기준 100~130유로 선으로 성수기나 주말에 따른 요금 변동이 있으며 아침 식사는 별도의 예약이 필요하다. www.citizenm.com

내 집이었으면 싶은
편안한 호텔 모자이크

　　인터콘티넨털, 힐튼, 세인트 레지스 등 세계적인 브랜드의 호텔 체인에 가보면 어느 나라, 어느 도시를 불문하고 한결같이 깔끔하고 널찍한 객실에 흠잡을 데 없는 로비와 표준화된 아침 식사를 제공한다. 여기에 같은 비용혹은 더 저렴한 비용에 그 도시에서만 느낄 수 있는 고유의 분위기를 그대로 담은 부티크 호텔이란 또 하나의 선택지가 주어진다면 우리는 어떤 호텔을 선택해야 할까? 이 책을 읽는 독자라면 후자를 선택하는 것이 자신만의 개성 넘치는 여행을 위한 좋은 답안이겠다.

따뜻하고 편안한 분위기를 지닌 네덜란드의 소도시 헤이그Hague에 있는 많은 호텔 중에서, 지금 소개할 '호텔 모자이크Hotel Mozaic'가 그 답안에 매우 충실한 곳이다. 아침 식사를 포함해 단돈 99유로밖에 안 하는 별 3개짜리 호텔이 헤이그 여행에 남긴 추억은 그 어떤 화려한 미술관이나 레스토랑과도 비교할 수 없을 정도로 좋았다. 헤이그에서 보냈던 2박 3일을 떠올리면 호텔 모자이크의 2층 객실에서 내려다보던 한적한 골목 풍경이, 객실의 아이팟 데크에서 울려 퍼지던 재즈 선율이, 조그만 식탁에서 천천히 음미하던 모닝커피의 담백한 향기가 그리워진다.

1880년대에 지어진 오래된 건축물을 개조해 만든 호텔 모자이크는 헤이그라는 도시가 지닌 개성을 그대로 담고 있는 작은 호텔이다. 빈티지와 모던을 적절히 섞어놓은 객실 콘셉트도 그렇고, 따뜻하고 친절한 헤이그 사람들의 미소를 그대로 보여주는 스태프들의 서비스도 그렇다. 암스테르담의 시티즌엠처럼, 호텔 모자이크 역시 중앙역과 주요 관광지에서는 한 발치 떨어진 동네에 위치하고 있다. 하지만 번잡한 도심에서 살짝 벗어나 현지인들의 동네에 자연스럽게 파고들어 평화롭게 쉴 수 있으니, 하루 종일 돌아다니느라 피곤한 여행자에게는 '휴식'이라는 본연의 가치에 충실한 호텔이다.

헤이그 중앙역에서 트램으로 네 정거장 떨어져 있는 작은 마을에 도착한 이른 오후, 긴 골목의 모퉁이에 있는 작은 호텔 모자이크를 만났다. 초인종을 눌러야만 들어갈 수 있는 하얀 건물, 왠지 모르게 호텔이라기보다는 아늑하고 정다운 누군가의 집 같아서 친근감이 든다. 반짝이는 햇살이 창가로 환하게 비춰드는 호텔 모자이크의 싱글룸에 들어선 순간, 난 단번에 알 수 있었다. 헤이그에서 무엇을 하고 무엇을 보든, 오늘의 추억은 이 호텔 덕분에 아름답게 남으리라는 것을.

지금까지 많은 나라와 도시를 여행하면서 그만큼의 호텔을 만났지만, '이 방이 내 집이었으면 좋겠다!'는 생각이 들었던 적은 처음이었다. 과하지도 모자라지도 않는 중용의 미를 곳곳에서 발견할 수 있었던 호텔 모자이크의 전체적인 객실 콘셉트를 한마디로 요약하자면 '빈티지 화이트 Vintage White.' 자칫 너무 깨끗하고 새것처럼 느껴질 수 있는 화이트라는 색깔이 여기서는 묘하게 옛스러움과 우아함으로 다가온다. 클래식한 화이트 탁자와 투명 의자의 조합, 침대 머리맡의 부티크 호텔다운 아트워크, 투박한 유리병에 가득 담긴 시원한 생수까지, 멋과 실용성을 동시에 갖춘 탁월한 객실 서비스를 보여준다. 침대 위에 살포시 놓인 웰컴 메시지와 커피맛 캔디를 집어 들며 작은 센스가 엄청난 차이를 낳는다는 사실을 새삼 깨달았다. 로맨틱한 빈티지 화이트 톤의 호텔 모자이크 싱글룸이 그냥 내 방이었으면 좋겠다.

한숨 돌리고 커다란 침대 옆에 놓인 아이팟 데크에 스마트폰을 꽂으니 또 한 번 미소가 절로 흐른다. 아니나 다를까, 그동안 도보 여행 때는 힘을 못 쓰던 스무드 재즈 계열의 음악들이 이 방의 배경음악으로 마치 꼭 맞는 옷처럼 완벽하게 어울렸다. 피터 화이트Peter White의 앨범 〈컨피덴셜Confidential〉을 틀어놓고 푹신한 침대에 누워 잠시 눈을 감았다. 여기는 유럽도, 네덜란드도, 헤이그도 아니었다. 그냥 어느 무인도의 리조트에 와 있는 것 같은 느낌.

볼륨을 올린 채 샤워를 하려고 욕실로 향하니 여기도 감탄사가 절로 나왔다. 세계적인 명품 브랜드 빌레로이앤보흐의 빈티지한 세면대와 변기가 조용히 존재감을 뽐내고 있었다. 꼭 전신욕조가 있어야 럭셔리한 목욕을 즐길 수 있는 게 아니라는 걸 이 호텔은 잘 보여준다. 어메니티는 영국의 유명 스파 브랜드 '리츄얼Ritual'의 제품으로, 샴푸와 바디용품의 향과 보습력이 뛰어났다. 네덜란드 대도시에는 리츄얼의 매장이 많이 있으니 쇼핑이나 선물 아이템으로도 좋겠다. 이렇게 배경음악과 럭셔리한 욕실이 만들어주는 나만의 휴식 시간은 완벽하게 흐르고 있었다.

또한 의례히 저녁 때 맥주캔을 사 들고 왔지만 이곳에서는 그럴 필요가 없었다. 1층 라운지에 몇 가지 양주와 와인이 비치되어 있어 자유롭게 가져다 마실 수 있기 때문이다. 위스키 한 잔과 함께

침대에서 뒹굴거리며 창 밖의 노을을 감상하니 헤이그에서의 하루
가 저문다.

콘티넨털 브렉퍼스트 스타일을 선호한다면 호텔 모자이크
의 심플하면서도 담백한 아침 식사가 마음에 쏙 들 것이다. 특히 뷔
페식으로 종류가 많은 것보다는 신선하고 담백한 핵심 메뉴 몇 가지
를 잘 준비하는 게 훨씬 좋은데, 이곳이 그렇다. 음료는 직접 짠 오렌
지 주스와 우유, 그리고 기계에서 바로 추출하는 몇 가지 질 좋은 커
피, 그리고 딜마Dilmah의 맛있는 홍차와 허브티로 구성되어 있다. 빵
은 주로 다양한 곡물빵과 크루아상, 머핀류, 그리고 시리얼 두어 가
지와 매일 아침 만드는 신선한 생 요거트가 있다. 가장 맘에 들었던
메뉴는 갖가지 치즈와 햄 종류, 그리고 신선한 훈제 연어였다. 삶은

달걀과 스크램블 에그 중에 하나를 택해 빵과 함께 담고, 질 좋은 잼 한두 가지와 꿀을 곁들이면 완벽한 아침 식사가 된다. 작지만 햇살이 잘 드는 1층 식당에는 자리마다 예쁜 냅킨으로 세팅되어 있어서 혼자서도 기분 내면서 맛있게 식사할 수 있다.

여행하면서 숙소 체크아웃하는 게 시원섭섭할 때는 있어도 아쉽기만 했던 적은 많지 않은데, 헤이그의 호텔 모자이크를 떠날 때는 내 집을 떠나는 것처럼 마냥 아쉽기만 했다. 일정에 여유만 있었으면 하루 정도는 더 묵고 싶었을 정도로 예뻤던 그곳에서의 시간은, 정답고 아기자기한 헤이그의 도시 느낌과 어우러져 더욱 멋진 추억으로 남았다. mozaic.nl

12개뿐인 객실에 미학이 살아 숨쉬는 젠덴 호텔

가장 오래된 도시에 숨어 있는 가장 모던한 호텔, 언뜻 굉장히 아이러니한 조합처럼 보이는 마스트리흐트의 젠덴 디자인 호텔은 처음 네덜란드 여행을 계획하면서 테마로 잡았던 '디자인 호텔 투어'에 완벽하게 부합하는 숙소다. 그래서 오로지 이 호텔에 묵기 위해 3시간이나 기차를 타고 네덜란드 최남단의 소도시 마스트리흐트까지 오는 수고를 감행했다. 2009년 네덜란드 건축상을 수상한 비엘 아레츠Wiel Arets가 1960년대 건물을 세련된 부티크 호텔로 탈바꿈시킨 젠덴 디자인 호텔은 미니멀리즘과 호텔의 가장 우아하고 세련된 조우를 잘 보여준다. 마스트리흐트에서의 단 하루가 더욱 빛날 수 있었던 가장 큰 이유이기도 하다.

마스 강 초입의 한 골목에 자리한 젠덴 호텔은 겉으로 보기에는 허름한 수영센터처럼 보이는 낮은 건물이었다. 역시 사진발이었던 것일까 의아해하며 들어선 순간, 화이트 톤의 세련된 로비 디자인에 할 말을 잃었다. 어떻게 그 수백 년 전 오래된 골목에 이렇게 현대적인 인테리어가 존재할 수 있을까?

간단한 체크인 후 입장한 1인용 객실은 너무도 심플하고 세련됐다. 이상한 나라의 앨리스가 된 기분으로 두리번거리며 곳곳에 숨은 디자인의 미학을 하나둘씩 발견해봤다. 간만에 느껴보는 신선한 자극과 두근거림. 이런 호텔을 만나기 위해 이렇게 먼 곳까지 찾아왔구나 하는 뿌듯함이 몰려온다.

객실에 존재하는 모든 컬러는 단 세 가지, 화이트와 퍼플, 그리고 블랙이다. 모노톤만 썼다면 다소 무미건조했을 텐데 침대 매트리스 등에 짙은 보라색을 사용해 포인트를 주었다. 객실 창 밖으로 내다보이는 풍경은 주변 건물도 모두 하얀색이다. 호텔 객실의 역할에 충실하면서도 꼭 필요한 소품만 갖춰놓은 절제된 미니멀리즘은 네덜란드 디자인의 일면을 잘 보여준다. 정말 특이했던 것은 거울을 TV와 문 등에 사용해 모던한 분위기를 한층 살렸다는 점이다. 처음에

는 TV인지도 몰랐는데 리모컨을 작
동하니 거울 뒤로 나오는 TV 화면에
깜짝! 낮에는 거울로, 밤에는 TV로
사용할 수 있으니 신기하다. 해가 지
면 자연스럽게 거울 뒤에 있는 TV 화
면이 선명하게 보인다.

객실 번호가 ICHI, NI, SAN,
YON 등 일본어 영문 표기로 쓰여
있는 점도 독특하지만, 어찌 보면 어

설픈 오리엔탈리즘으로 해석되기도 하니 보는 사람 나름이겠다. 어
메니티는 내가 좋아하는 록시탕 제품이어서 일단 합격점. 세면대부
터 변기와 샤워부스까지 평범한 디자인은 단 하나도 없었다. 일단
화장실은 객실 입구 쪽에 있고, 그 반대편 벽 너머에 샤워부스, 그리
고 샤워부스 밖에 세면대가 따로 설치되어 있는 독특한 구조였다.
변기와 세면대는 네모 모양이고 물이 나오는 샤워기와 수도꼭지는
원통형의 메탈릭한 디자인으로 통일성을 유지했다. 세면대의 거울
모양 역시 TV에 덮여 있는 큰 거울과 같은 모양의 곡선형 디자인이
다. 객실 전체가 일관적인 디자인으로 이루어져 있어 놀라웠다.

단 하룻밤만 묵는 게 그저 아쉽게만 느껴지는 다음 날 아침,
체크아웃을 하고 로비를 찬찬히 구경했다. 젠덴 호텔엔 1층에 수영
센터가 있어 현지인들의 발걸음도 무척 잦은 편이다. 객실에 묵을

경우 수영장 이용은 무료라고 한다. 로비에는 객실과 비슷한 느낌으로 디자인된 휴식 공간과 아침 식사를 위한 주방이 있다. 여느 호텔과 마찬가지로 무선 인터넷을 무료로 이용할 수 있으니 로비에 문의해 비밀번호를 받으면 된다.

마스트리흐트의 울퉁불퉁한 돌길은 바퀴 달린 캐리어를 끌기에는 적합하지 않았다. 멋모르고 끌고 다녔던 내 가방의 바퀴도 어느새 너덜너덜해지고 한쪽은 펑크가 나서 도저히 기차역까지 가방을 끌고 갈 자신이 없었다. 로비의 직원에게 택시를 불러달라고 부탁했더니 역 앞까지 편안하게 데려다 줄 택시가 10여 분 뒤에 도착했다. 작은 도시에 숨겨진 자그마한 호텔이지만 세심한 서비스와 세련된 디자인을 직접 만나고 보니 제대로 된 부티크 호텔을 경험했다는 뿌듯함이 들었다. 머릿속에 그리던 호텔의 '이상형'을 만난 느낌이랄까? 객실 비용은 싱글룸 기준 99유로에 아침 식사는 별도로 예약해야 한다. 미니멀한 화이트 인테리어가 돋보이는 젠덴 디자인 호텔은 객실 수가 12개뿐이므로 사전 예약이 필수다. www.zenden.nl

자유로움을 담은 다섯 가지 디자인 테마
완더러스트

한국인이 가장 많이 찾는 동남아시아 여행지 톱 3에 싱가포르를 빼놓을 수 있을까? 싱가포르는 도시국가 특유의 완벽한 편의시설과 대중교통이 갖춰져 있어 여행 난이도를 레벨로 매긴다면 홍콩과 함께 '가장 쉬운' 여행지에 속한다. 물론 동남아시아에는 다른 훌륭한 여행지도 많지만, 초보 여행자가 자유여행을 즐길 수 있을 만큼 안전하고 깨끗한 도시를 꼽으라면 단연 싱가포르다.

하지만 애석하게도 대부분의 한국인은 싱가포르를 패키지로 떠난다. 이상하리만치 싱가포르를 자유여행으로 다녀왔다는 후기를 인터넷에서도 찾기 힘들고, 참고할 만한 여행 에세이 책도 전무하다. 적당한 체인호텔이나 리조트에 묵으면서 낮에는 오처드로드에서 쇼핑하고 저녁에는 클라크기에서 바가지 쓰며 킹크랩을 실컷 먹고 와서는 "싱가포르는 이제 다 봤다"며 자랑하는 패턴이 가장 흔하다.

하지만 싱가포르를 식도락과 쇼핑몰만 넘쳐나는 그저 그런 동남아 도시로 생각한다면 큰 오산이다. 국내에 소개된 여행 정보와 여행상품이 싱가포르를 딱 그 정도로만 정의해 놓은 것뿐이다. 싱가포르는 2년마다 아트 비엔날레를 열고 홍콩과 상하이를 넘어 아시아 최대의 아트 시티로 거듭나려는 국가적인 노력에 총력을 기울이고 있다. 일찌감치 관광산업의 선진국으로 떠올라 예술친화적인 이미지를 호텔에도 적용하고 있고, 그 결과 세계적인 수준의 디자인 호텔이 속속 생겨나 여행자에게 선택의 폭을 넓혀주고 있다. 이러한 싱가포르의 현재를 느끼고 싶어 선택한 호텔이 바로 완더러스트 Wanderlust다.

2010년 8월 오픈한 이후 가장 핫한 디자인 호텔로 부상한 완더러스트는 한국의 디자인 관련 잡지나 매체에도 몇 차례 소개된 적이 있다. 하지만 정작 여기서 숙박해봤다는 한국인의 후기가 웹상에 하나도 없는 걸 보고 '꼭 가봐야겠다'는 오기가 발동했다. 다른 행사 참관 때문에 싱가포르를 방문하게 되어 첫 이틀은 마리나 베이 샌즈Marina Bay Sands에서 묵었는데, 크고 화려하지만 사람 냄새는 안 나는 '백화점' 같은 호텔 서비스에 크게 실망한 뒤여서 더욱 비교가 잘 될 것 같았다아이러니하게도 비슷한 시기에 오픈한 마리나 베이 샌즈에 대한 한국인들의 '과시'용 후기는 적잖게 보이니 희한하다.

'여행벽'이라는 단어의 뜻처럼 호기심이 많고 모험을 사랑하는 여행자를 위한 호텔 완더러스트는 1920년대에 지어진 오래된 건물을 개조해 만든 빈티지한 디자인 호텔이다. 총 29개의 객실을 다섯 가지의 디자인 테마로 나누어, 디자인 관련 상을 수상한 젊고 혁신적인 디자인 에이전시들이 각 테마를 맡아 차별화된 인테리어를 완성했다. 이러한 콘셉트에 걸맞게 호텔의 공식 웹사이트 역시 눈이 번쩍 뜨일 만큼 통통 튀는 아이디어를 담고 있어 객실 예약을 할 때부터 붕붕 떠 있는 기분이 들었다. 뭉게구름이 가득 담긴 비행기의 조그만 창문을 내다보며 한 번쯤 설레지 않았던 여행자가 있을까? 완더러스트의 웹사이트는 바로 그 비행기 창문 이미지를 웹사이트에 사랑스럽게 녹여냈고, 여행자에게 보내는 한 통의 에어 메일Air Mail에서 모티프를 얻어 전체적인 웹디자인을 완성했다.

● ● 빈티지한 매력이 넘치는 완더러스트 호텔의 로비.

좁디좁은 인도 풍의 낡은 골목 한가운데에 묘하게 자리잡은 흰색 건물은, 처음에는 코앞에서 지나칠 정도로 주변과 완벽하게 블렌딩되어 있다. 완더러스트 호텔이 위치한 리틀 인디아_{Little India}는 싱가포르에서도 가장 이국적인 지역으로 손꼽히는 곳이어서, 호텔 로비에 들어서면 인도의 에스닉한 거리 분위기에서 순식간에 유럽의 빈티지로 절묘하게 넘어오는 독특한 반전의 재미를 맛볼 수 있다.

호텔 로비의 세련된 바 코코테_{Cocotte} 옆에는 망가진 로봇 같은 형체를 한 특이한 디자인의 의자들이 이리저리 놓여 있다. 체크인 시간보다 다소 이르게 호텔을 찾았는데, 친절한 직원들이 알아서 짐을 보관해주고 체크인도 빠르게 처리해서 오후 내내 기분 좋게 여행을 즐기고 호텔로 돌아왔다. 체크인을 하면 '여권_{Passport}'이라는 제목이 달린, 진짜 여권과 똑같은 사이즈의 수첩을 준다. 수첩엔 호텔이 위치한 리틀 인디아의 간략한 약도와 주요 볼거리가 깔끔한 디자인으로 소개되어 있고, 호텔을 알차게 이용할 수 있도록 주요 부대시설에 대한 안내가 수록되어 있다. 리틀 인디아에 머무는 동안에는 별다른 가이드북 없이 이 수첩만 가지고 다녔을 정도로 여행자에게 꼭 필요한 내용만 실려 있었다.

스태프 앤디_{Andy}는 객실로 짐을 옮겨다준 후 호텔과 객실 내에 있는 각종 부대시설의 사용법을 세세하게 알려 주었다. 소형 부티크 호텔에서만 경험할 수 있는 친근한 일대일 맞춤 서비스의 일환이다. 앤디는 내가 체크아웃한 뒤에도 페이스북으로 친구 신청을 해온, 직업 정신이 투철한 청년이기도 하다.

내가 예약한 객실은 완더러스트에서 가장 작은 더블룸인 팬톤Pantone이었다. 벽과 천장이 온통 밝은 핑크 톤으로 뒤덮인 객실은 호텔이라기보다는 어느 프랑스 소녀의 로맨틱한 다락방 같은 느낌을 주었다. 널찍한 객실에 익숙한 한국인에게는 다소 좁게 느껴질 수 있지만, 아늑한 분위기를 선호하는 내게는 나지막한 천장과 아기자기한 장식들이 더없이 안정감 있게 느껴졌다. 입구부터 미니바, 세면대, 욕실, 가장 안쪽에 침실이 일렬로 위치한 구조가 앞서 소개했던 네덜란드의 시티즌엠과도 비슷하다. 세면대에는 특유의 에어 메일 로고가 새겨진 패키지의 세면도구가 키엘의 바디제품과 함께 나란히 놓여 있다. 침대 아래쪽에는 커피를 마실 수 있는 작은 바가 설치되어 있는데, 에스프레소 기계와 커피 캡슐, 독일의 내추럴리스Naturalis의 허브 차가 종류별로 갖춰져 있고 하나라도 꺼내 마시면 다음 날 바로 채워진다. 홍콩의 유명 부티크 호텔에도 스위트Suite 급의 객실에만 설치되어 있던 캡슐 커피 기계가 완더러스트에는 모든 객실에 다 있어서, 매일 아침 신선한 커피를 마시는 즐거움이 쏠쏠했다.

다음 날 아침 1층 바에 내려가니 나지막한 아침 햇살이 비치는 프렌치 퀴진 레스토랑에 식사가 준비되어 있었다. 르크루제의 빈티지한 냄비에 담겨 아직도 따뜻하게 김을 뿜어내는 베이컨과 팬케이크, 신선한 빵과 과일을 담아 자리에 앉으니, 곧이어 갓 만들어 내온 에그 스크램블이 곁들여진다. 홈메이드의 느낌을 그대로 살려낸 아침 메뉴 세팅은 다른 호텔에서는 볼 수 없는 세심한 정성이 고스란히 묻어났다. 세련된 디자인 스튜디오에 초대되어 하룻밤 자고 일어나 요리 잘하는 주인장한테 따뜻한 아침 한 끼 얻어먹는 기분이랄까.

아침을 먹은 후 체크아웃 전에 야외 자쿠지에서 마지막 여유를 누리기로 했다. 시원한 물에 몸을 담근 채 물마사지까지 하고 나니 더운 여름 나라에서 쌓인 피로가 한결 풀리는 느낌이었다. 완더러스트의 객실료는 팬톤이 180싱가포르 달러부터 시작하며 아침 식사가 포함된다. www.wanderlusthotel.com

차이나타운 속 트렌디한 감각의 호텔 1929

아쉬움과 기대감을 안고 향한 다음 호텔은 차이나타운에 위치한 부티크 호텔 1929 Hotel 1929 이다. 차이나타운은 보통 관광 명소로 반나절 정도 구경하고 지나치기 쉽지만, 나는 1박 정도 여유 있게 머무르면서 차이나타운의 완벽한 두 얼굴을 만나보고 싶었다. 싱가포르에서 가장 세련된 거리 클럽 스트리트가 차이나타운에 있다는 사실을 알게 된 이상, 최근 새로운 숍과 호텔이 속속 들어서고 있는 케옹 사익 Keong Saik 로드를 선택하지 않을 이유가 없었다.

내추럴한 인테리어와 감각적인 입지 조건을 갖춘 호텔

1929는 이름 그대로 1929년에 지어진 상점 건물을 개장한 부티크 호텔이다. 트렌디하면서도 저렴하게 묵을 수 있는 디자인 호텔로서 케옹 사익 로드를 대표하는 명소로 자리잡았다. 하얗고 고풍스러운 호텔 건물 주변에는 지어진 지 얼마 안 된 듯한 새 호텔이 함께 늘어서 있고 로컬 음식을 파는 중국 레스토랑과 어우러져 활기찬 분위기를 연출한다. 체크인을 하니 예약했던 수피리어 더블Superior Double 이 만실이라며 룸 업그레이드를 해주겠다고 했다. 2박이나 예약했는데 완전 횡재다!

내가 머무른 디럭스 룸은 복도 맨 끝에 있는데 수피리어 더블보다 두 배는 넓은 데다 방 가운데에는 빨간색 흔들의자도 있었다. 침대 옆에 놓인 필립스의 아이폰 도킹 스테이션에 아이폰을 꽂아 충전해 두고 객실을 천천히 둘러봤다. 완더러스트가 복도식의 구조를 띠고 있다면, 호텔 1929는 원룸식으로 방 둘레를 따라 세면대와 욕실, 책상 등이 자리잡고 있다. 침대에 깔려 있는 커다란 꽃무늬 이불은 방 분위기를 환하게 해주는 일등공신이었다. 딱 한 가지 단점을 꼽자면 대로변에 위치해 있어 창문을 열면 밤에는 거리의 인파로 인한 소음이 생각보다 가까이 들릴 수 있다. 전체적으로 호텔 1929의 인테리어는 일부러 '부티크 호텔'을 표방한 듯한 인공적인 분위기와는 거리가 먼, 한결 내추럴하고 편안한 느낌을 주었다. 겉치레가 없고 친근한 옆집 언니 같은, 차이나타운의 동네 분위기와도 참 닮았다.

 절대 놓치지 말아야 할 여행 스팟은 따로 있다

● ● 차이나타운에서 단연 돋보이는 호텔1929의 외관.

호텔 1929에 머문 2박 3일 동안 일반적인 차이나타운의 관광 코스를 벗어나 좁은 골목을 속속들이 탐험했다. 차이나타운의 번잡한 거리에서 벗어나 있는 케옹 사익 로드는 국내 가이드북에는 그다지 알려지지 않은 동네다. 하지만 이 일대는 싱가포르에서 주목받고 있는 젊은 건축가와 그래픽 아티스트의 사무소가 밀집된 지역이어서 최근 들어 자연스럽게 감각적인 가게가 속속 등장하고 있다.

또한 이곳은 오래 전부터 밤마다 현지인들로 문전성시를 이루는 중화요리 집과 편하게 한 끼를 때울 수 있는 토스트 가게, 말레이시아 음식을 파는 가게들이 뿜어내는 다채로운 향기와 연기가 한데 뒤섞여 거리를 가득 메운다. 프랑스 사람이 운영하는 조그마한 인테리어 숍 '로즈 시트론Rose Citron'은 독특한 컬러의 프렌치 감성을 지닌 가게로, 아시아산 패브릭을 사용해 손으로 만든 가방과 침구를 팔고 있었다. 한가롭게 거리를 산책하면서 아기자기한 쇼윈도를 들여다보는 맛이 제법 흥미진진하다. 호텔 맞은편에 위치한 편의점 세븐일레븐에는 타이거 맥주 한 캔 사는 데 신분증을 요구하는, 여권을 보여주면 "You older than me? No way나보다 나이가 많다고요? 말도 안 돼요."라며 듣기 좋은 거짓말을 해주는 유쾌한 점원이 있었다. 그 길로 호텔 옆 중화요리 가게에 가서 포장해온 매콤한 돼지고기 요리와 맥주 한 잔이 그날따라 더욱 맛있게 느껴진 건 말할 나위도 없다.

호텔 1929의 아침 식사는 다소 평범한 콘티넨털 브렉퍼스트 메뉴로 구성되어 있지만, 몇 가지 차별화된 포인트가 있다. 서양식 메뉴와 함께 차이니즈 메뉴가 매일 한 가지씩 나오는데, 이틀간 맛보았던 볶음 국수와 죽 모두 훌륭했다. 게다가 아침 식사에서 내놓는 싱가포르의 전통 잼인 카야Kaya 잼은 레스토랑에서 직접 만든 홈메이드라고 하는데 밖에서 사먹는 카야 토스트보다 더 감칠맛이 났다. 실제로 호텔 1929의 레스토랑 엠버Amber는 차이나타운에서도 가격 대비 퀄리티가 뛰어난 퀴진을 내놓는 레스토랑으로 잘 알려져 있고, 심지어 한국 가이드북에는 호텔 1929가 아닌 엠버가 추천 맛집으로 소개되어 있을 정도로 유명하다. 호텔에 투숙하지 않아도 식사라도 한 끼 해볼 만한 이름난 레스토랑이라는 소리다. 호텔 1929의 객실료는 수피리어 더블 기준 169싱가포르 달러에 아침 식사가 포함된다. www.hotel1929.com

 절대 놓치지 말아야 할 여행 스팟은 따로 있다

자연 속에서 모두 함께 어울리는
행아웃 앳 마운트 에밀리

싱가포르는 원래 주변국인 태국이나 말레이시아처럼 저렴하고 좋은 숙소가 대중화된 여행지가 아니었다. 한마디로 저렴한 숙소가 절실한 배낭여행자에게는 최악의 여행지였다. 좁은 땅에 많은 사람이 사는 도시국가의 특성상 초고층 빌딩과 단가가 높은 고급 호텔을 지어야 수지타산이 맞기 때문이다. 《론리 플래닛 시티 가이드》싱가포르 편에 "정부가 도시 계획 차원에서 도심과 센토사에 남아 있던 저가 게스트하우스를 철거하고 고급 호텔을 세웠다"는 구절이 있을 정도로 세계적으로 숙박료가 비싼 도시로 악명이 높았다. 하지만 여전히 비좁고 후진 시설에 무늬만 '부티크'인 호텔에 낚시질 당하기 쉬운 홍콩에 비해, 싱가포르에는 최근 들어 저렴하면서도 우수한 인테리어를 갖춘 호스텔과 게스트하우스가 속속 생겨나 전 세계 배낭여행자에게 어필하고 있다.

싱가포르를 자유여행으로 떠나고 싶은데 단지 저렴한 비용 때문에 패키지로 결정했다면, 요즘 떠오르는 여러 디자인 호스텔의 객실 가격과 시설을 웹사이트에서 꼼꼼히 확인해보기 바란다. 일반적인 호텔에서는 얻을 수 없는 여행자의 충만한 자유와 젊은이들의 기운을 만끽하면서 한결 풍성한 추억을 만들 수 있을 것이다. 호텔 못지않은 깔끔한 객실과 맛있는 아침 식사는 옵션이 아니라 기본 조건이다.

'행아웃 앳 마운트 에밀리Hangout @ Mt.Emily'는 호텔과 게스트 하우스를 함께 운영하는 숙박 시설로, 대학교와 저렴한 식당이 밀집된 어퍼 윌키 로드의 작은 언덕 위에 있다. 오처드로드와도 가깝고 리틀 인디아, 시청 주변과도 멀지 않은 중간 지점에 있어서 시내 여행을 하기 좋은 위치에 있다. 단 MRT지하철 역이 애매하게 멀리 있어서 어디로 나가든 15분 정도는 도보 이동을 감수해야 한다.

행아웃 호텔은 한국 여행사의 에어텔 상품에도 포함되어 있을 정도로 국내 여행자에게도 조금씩 알려지는 추세다. 개별적으로 웹사이트에서 예약해도 충분히 저렴한 가격에 객실 타입과 다양한 옵션을 선택할 수 있으니 자유여행 시에 체크해볼 만하다. 기본적으로 객실은 싱글룸부터 4인실까지 종류별로 있고, 게스트하우스 형식의 쉐어드 룸Shared Room은 남성 전용, 여성 전용, 남녀 공용으로 세 가지 타입이 있다. 나는 동생과 함께 묵기 위해 싱글 침대가 2개 딸린 트윈룸을 예약했다.

택시를 타고 도심 한가운데에 평화롭게 자리한 마운트 에밀리 공원에 내리니 핫핑크 컬러의 간판에 적힌 행아웃 호텔 로고가 우릴 반겼다. 주변이 모두 숲과 나무의 녹색으로 가득해서인지 시티 투어에 지쳐 있던 눈과 귀의 피로감이 잠시나마 해소되는 느낌이었다. 역시 발랄한 핑크빛으로 꾸며진 세련된 로비에는 젊은 직원들이 짐을 맡아주고 여행자의 상담을 돕고 있었다. 호텔이라기보다는 유럽 어느 도시의 쾌활한 유스호스텔 느낌이 물씬 났다. 체크인하고 객실에 들어서니 오렌지색으로 밝게 꾸며진 군더더기 없는 인테리어에, 창문 밖에는 초록빛 가득한 공원의 전망이 펼쳐져 있어 상쾌함을 더했다.

싱가포르에서의 마지막 이틀을 행아웃 호텔에서 보냈는데, 하루는 호텔에서만 내내 머물러 있었을 정도로 편안하고 쾌적했다. 벽에 주렁주렁 액자가 걸려 있고 커다란 TV화면과 함께 하루를 마감했던 대부분의 도심 호텔보다 가격 대비 만족도가 훨씬 높았다.

행아웃의 모토는 "자연 속에서 평화롭게 쉬며 함께 어울리세요Hang out"다. 객실마다 무료 무선 인터넷은 제공되지만, 2층에 있는 베그 아웃 라운지Veg out Lounge에 가면 저마다 노트북을 들고 나와 새로운 친구도 사귀고 이런저런 여행 정보도 주고받는 모습을 쉽게 볼 수 있다. 2층 라운지에는 24시간 커피와 홍차, 끓는 물이 제공되기 때문에 간단한 식사도 이곳에서 뚝딱 해결할 수 있다. 7층의 룩 아웃 테라스Look out Terrace에는 따사로운 햇살에 태닝을 즐길 수 있는 샤워 풀장이 있는데, 밤에는 야경이 환상적인 그곳에서 전 세계 젊은이들과 어울릴 수 있다. 물론, 이 모든 것이 낯설고 그저 혼자만의 시간이 필요하다면 객실에서 시원한 에어컨을 틀어놓고 깔끔한 침대 시트 위에서 뒹굴거리며 마음껏 쉴 수도 있다.

굳이 흠을 잡자면 객실 내에서 음주가 절대 금지이며 2층 라운지에서만 술을 마실 수 있다. 매일 저녁 맥주를 사 들고 오는 게 즐거움인 내게는 다소 안타까웠던 사항이다. 그렇다고 술을 아예 못 마신 건 아니고, 맥주 한두 캔 정도는 마셨다. 다음 날 체크아웃할 때 빈 캔을 2층이나 밖에 있는 쓰레기통에 처리해주면 된다. 이곳은 10대 소년소녀도 이용하는 게스트하우스 겸용 숙소여서 이런 금주 규정이 있는 듯하다. 하지만 전반적으로 행아웃은 일반 호텔보다 훨씬 개방적인 분위기와 저렴한 가격, 호스텔보다 세련되고 깔끔한 디자인과 부대시설을 자랑하는 최적의 숙소였다.

행아웃의 아침 식사 풍경은 왁자지껄하고 유쾌했다. 청소년부터 나이 지긋한 어르신까지 다양한 연령대의 여행자들이 각자의 접시에 푸짐하게 음식을 덜어 담는다. 한참 사람이 많은 시각에 식당에 가는 바람에 토스터기에 올려놓은 식빵이 노랗게 그을려지도 않았는데 서둘러 접시에 담았다. 그러자 뒤에서 차례를 기다리던 할아버지가 "Very lightly toasted! 너무 조금 구웠어요!"라며 한 번 더 구워도 된다는 눈인사를 보내신다. 그렇게 서로 조금씩 양보하고 배려하면서 호스텔만의 오픈된 분위기 속에서 아침을 즐겼다.

행아웃의 아침 메뉴는 주로 계란과 소시지 요리, 볶음 국수, 수박 등 싱가포르와 서양 스타일이 적절이 섞여 취향에 맞게 가져다 먹을 수 있다. 저렴한 숙박료에 아침 식사까지 제공되니 이 정도면 호텔 식사 부럽지 않다. 단, 늦게 가면 대부분의 음식이 떨어지는 걸 목격했으므로 8~9시 사이에는 식사를 꼭 시작하는 게 좋다. 행아웃의 더블/트윈룸 객실료는 240싱가포르 달러부터 시작하며 웹사이트

●● 게스트하우스의 자유로운 분위기를 표현한 행아웃의 벽화.

에 소개된 프로모션 패키지를 예약하면 좀 더 저렴하다. 또한 나이

트 사파리 등 각종 인기 투어 프로그램에 손쉽게 참가할 수 있으니

로비에서 상담해보자. www.hangouthotels.com

 절대 놓치지 말아야 할 여행 스팟은 따로 있다

Chapter 06

독특한 아이템으로
사랑받는 아트 카페

학교가 운영하는 빈티지 카페
15 미닛츠

선진 도시의 세련된 아트 카페는 잠시 머무는 시간만으로도 많은 영감과 자극을 선사한다. 현지에서 사랑받는 아트 카페일수록 운영 철학이 분명하고 독창적이며, 세상을 좀 더 살기 좋은 곳으로 만들기 위한 공간을 설계하는 데 집중한다. 오히려 아무런 배경 지식 없이 돌아보는 미술관이나 갤러리 순례보다 분명한 테마를 지닌 카페에서 새로운 음료와 디저트를 맛보면서 그곳을 찾는 사람들을 구경하는 자체가 훨씬 입체적인 체험이 될 수 있다. 삶의 질에 대한 관심이 커진 내게 이러한 카페의 방향성은 인생의 우선순위가 무엇인지를 다시 한 번 생각하게 만든다. 그래서 나는 언제나 현지의 입소문난 아트 카페를 찾아다니고, 그 카페가 전달하려는 감성과 메시지에 집중하려고 애쓴다.

어떤 도시를 여행하든 되도록 꼭 찾아가는 곳 중의 하나가 도시의 젊음을 가장 잘 구경할 수 있는 대학교 캠퍼스다. 싱가포르에서 이틀간 머물렀던 브라스 바사 Bras Basah는 몇 년 전부터 싱가포르 예술대학이 들어서면서 개성 넘치는 젊은이들이 크게 증가하는 지역이라 캠퍼스를 산책하기에 안성맞춤이었다. 마침 몇 년 전이 거리로 이전해 온 라셀 컬리지 오브 아트 LaSalle College of Arts는 싱가포르 예술대학의 병설 캠퍼스로, 건물 자체가 작품으로 불릴 만큼 스펙터클한 건축 외관을 자랑한다. 참신한 디자인의 라셀 컬리지는 교내 갤러리를 일반인에게 개방하고 있고 다양한 행사도 적극적으로 개최하고 있다. 시내 중심이란 입지적인 장점을 살려서 국가의 예술 발신지 역할을 톡톡히 하고 있는 셈이다. 이 멋진 캠퍼스 안에 숨겨진 아트 테마 카페가 있다고 해서 찾아가 보았다.

전설적인 아티스트 앤디 워홀의 "미래에는 누구나 15분 동안 세계적인 유명 인사가 될 수 있다"라는 명언에서 이름을 따왔다는 카페 '15 미닛츠 15 minutes'는 이곳 캠퍼스의 정체성을 상징하는 공간이다. 안이 훤히 들여다보이도록 한쪽 벽 전체가 통유리로 되어 있어 낮에는 카페로, 밤에는 퓨전 바로 변신해 예술가와 파티 피플의 발걸음이 하루 종일 끊이지 않는다.

이 카페는 2년 전 건축과 디자인을 하는 두 학생이 낡은 빌딩을 개조한 작업실에서 예술활동을 펼치며 자연스럽게 시작되었다. 새롭게 개관한 아트 스쿨 측에서 이들을 섭외해 아트 카페 운영을 제의하면서 지금의 15 미닛츠가 만들어졌다고 한다. 그래서 이곳은 단순히 캠퍼스 카페라기보다는 막 떠오르는 신진 아티스트와 크리에이터, 뮤지션들의 문화 교류 장소를 지향한다. 지금은 카페가 빠르게 성장해서 6명의 파트너가 공동으로 운영하고 있단다.

라셀 컬리지 오브 아트의 모든 건물 외벽이 투명한 유리를 이어붙여 지어졌듯이, 15 미닛츠 또한 통유리창을 통해 태양광이 그대로 비춰드는 밝고 쾌활한 분위기다. 창 너머로 잔디밭에 옹기종기 모여 앉아 과제하는 학생들을 구경하는 것도 즐겁고, 파스타와 음료를 시켜서 여유롭게 즐기는 기분도 괜찮다. 주방 역시 오픈된 구조이며 칠판에 손글씨로 다양한 종류의 음료와 식사 메뉴가 정겹게 적혀 있다.

내가 찾아갔던 시각은 한낮이어서 더위도 식힐 겸 시원한 라임 주스 한 잔을 주문해 놓고 카페 구경에 푹 빠졌다. 학교 내에 있는 카페여서인지 음료는 2~3달러 정도로 비교적 저렴한 편이고, 파스타와 피자, 샌드위치와 디저트 등은 7~10달러로 평균 양식당이나 패스트푸드 체인점 수준이다. 카페의 멋진 인테리어와 분위기, 맛을

● ● 넓고 세련된 공간에서 휴식을 취할 수 있는 15 미닛츠.

고려하면 비싸지 않은 가격이다.

일단 높다란 천장과 빈티지한 인테리어 배치 덕분에 오래 머물러 있어도 질리지 않는 세련된 감각이 느껴진다. 개방적이고 넓은 공간에 놓인 심플한 디자인의 책상과 의자에는 책이나 노트북을 가져온 사람들이 주로 앉아 있어 카페 공간이라기보다는 학교 교실의 연장선에 놓여져 있는 듯한 편안한 분위기다. 세련된 공간이지만 캠퍼스 카페만의 활기와 운치도 잃지 않은 독특한 매력이 있다. 여기서 저녁에는 각종 라이브 공연과 파티가 벌어진다는데, 너무 이른 대낮에 찾아와 즐거운 행사를 놓친 게 못내 아쉽다.

먹거리에 대한 철학을 공유하는
푸드 포 쏘우트

15 미닛츠가 다채로운 파티와 독특한 퓨전 메뉴 등을 곁들인 예술 공간을 지향한다면, 지금부터 소개할 푸드 포 쏘우트Food for thought는 분명하게 '먹거리'에 대한 철학을 공유한다. "Good Food for Good Cause"라는 카페의 모토처럼, 이곳은 싱가포르의 교육기관이자 사회적 기업 스쿨 오브 쏘우트School of Thought가 수익금을 사회에 환원하기 위해 운영하는 레스토랑 겸 카페이다.

싱가포르 아트 뮤지엄 바로 앞에 하얗고 예쁜 카페가 보이길래, 미술관 구경을 마치고 나오는 길에 우연히 발견하고 들어가 보았다. 입구에 쓰인 메뉴를 보니 대체로 신선한 샐러드와 샌드위치, 홈메이드 케이크가 유명하단다. 식사 때는 아니어서 일단 오렌지 주스 한 잔을 시켰다. 가격은 대체로 다른 카페보다는 1~2달러 정도 더 비쌌지만, 메뉴판에 음식의 재료와 원산지 등이 상세하게 안내되어 있어 왠지 모르게 믿음이 갔다. 카페 한쪽에는 미술관 숍에서 팔던 여러 현지 아티스트의 공예품과 생활 잡화 판매대가 마련되어 있었다. 미술관 앞 카페의 분위기가 제법 났다.

테이블에 놓인 전단지에는 푸드 포 쏘우트가 지향하는 미션이 적혀 있다. 1. 깨끗한 물을 제공할 것. 2. 좋은 먹이로 키운 고기를 사용할 것. 3. 식량부족 현상을 지원할 것. 4. 사람들을 교육할 것.

5. 좋은 행동을 유도할 것 등이다. 하지만 밝고 쾌활한 스태프는 이러한 무거운 사회적인 메시지를 전파하는 대신, 올데이 브렉퍼스트, 바삭한 커리 치킨과 매콤한 칠리 프라이, 로스트 비프 등의 풍성한 요리를 서브해준다. 이 요리들을 맛보면서 좋은 재료로 만든 음식에 대한 감사함을 저절로 느끼게 된다. 이 카페의 전략은 성공한 듯 보였다. 식사 때도 아닌데 하얗고 커다란 테이블마다 빈자리가 없이 손님들로 가득했다. 모두들 웃고 떠들면서 맛있게 음식을 즐기고, 돌아가는 길에는 로컬 아티스트가 만든 개성 넘치는 티셔츠를 구경하고 사가기도 했다. 스태프가 받는 팁과 월급의 일부는 월드비전이 후원하는 아홉 명의 어린이에게 보내진다고 한다.

잠시 후에 내 앞에는 오렌지를 통째로 짜 넣은 자연 그대로의 오렌지 주스 한 잔이 나왔다. 함께 나온 얼음물은 싱가포르의 후덥지근한 더위를 한방에 날려주었다. 한참을 카페에서 노닥거리며 스태프에게 무선 인터넷 아이디를 받아 여행에 대한 생각도 정리하고 두 시간여를 보낸 뒤 겨우 카페를 나섰다. 즐거운 사람들이 좋은 뜻으로 함께하는 미술관 앞 카페는 그 후에도 오랫동안 내 머릿속에 남았다.

최근 본 《이기적 이타주의자》라는 책이 떠오른다. 나 자신에게 가장 좋은 것을 해주고 싶은 욕망, 그리고 나의 소비가 타인과 지구 전체에 도움을 주고자 하는 욕망이 결합된 새로운 트렌드가 떠오르고 있다는 것이다. 그러한 정신을 가장 잘 보여주는 카페

●● 먹거리에 대한 철학이 담긴 메시지가 곳곳에 적혀 있는 카페 내부.

가 바로 푸드 포 쏘우트이다. 이곳에서 즐겁게 식사하는 사람들의 미소 가득한 표정에서, 나는 《이기적 이타주의자》를 통해 느낀 뿌듯함과 만족스러움을 읽을 수 있었다. 당장 이곳으로 놀러 갈 여력이 되지 않는다면 이 카페 공간의 상징인 깨끗하고 하얀 주방 타일 이미지가 그대로 담겨진 카페 웹사이트도 꽤 구경할 만하다. www.foodforthought.com.sg

테이블 하나에 메뉴도 한 가지인
소박한 팜테이블

샌프란시스코에서의 여행이 매일 설렜던 이유는 골목마다 숨어 있는 소문난 카페를 찾아다녀도 매일 새로운 집이 발견될 정도로 카페 천국이었기 때문이다. 현지인의 블로그에서 우연히 발견한 팜테이블Farm Table은 체인점이 아닌 독립 카페 중에서도 작지만 맛있는 커피로 유명하단다. 매일마다 바뀌는 간단한 아침 식사 메뉴도 이 집만의 자랑거리. 마침 호텔에 아침 식사가 포함되어 있지 않아서 고민이었는데, 여행의 막바지 즈음의 어느 날 아침 작정하고 이곳을 찾았다.

팜테이블은 차이나타운과 가까운 조용한 주택가 골목의 한 켠에 있다. 정확한 주소를 알면 찾기는 어렵지 않지만, 막상 도착해 보니 들어가기가 선뜻 망설여졌다. 자리가 부족해 바깥 테이블까지 선점한 사람들은 매일 아침 여기 오는 현지인 냄새를 팍팍 풍기며 낯선 얼굴의 나를 쳐다봤다. 정말 놀랍게도 테이블이 달랑 하나밖에 없었다! 그래도 이곳 커피 맛을 놓칠 수는 없어서 뻘쭘함을 무릅쓰고 빨간색 문을 스윽 열어봤다. 몇 가지의 커피 메뉴는 주방 위에, 매일 바뀌는 브런치 메뉴는 왼쪽 칠판에 분필로 예쁘게 쓰여 있었다. 드립 커피 한 잔, 그리고 오늘의 메뉴를 주문했다. 오늘의 메뉴는 마스카포네 치즈와 무화과, 배 조림을 얹은 통곡물빵이었다. 보기엔 참

별 것 아닌 것 같은 비주얼이었지만, 팜테이블의 아침 식사는 기대 이상으로 만족스러웠다.

사실 처음에는 도저히 한 테이블에서 다른 사람들과 함께 먹을 엄두가 나지 않아서 포장 주문을 했더니 하얀 스티로폼 용기에 담아줬다. 그런데 문득 커다란 탁자 주위로 빙 둘러앉은 사람들을 보니 서로를 의식하지 않고도 따뜻하고 여유로운 식사를 즐기고 있는 모습이었다. 그래서 슬며시 테이블 한 켠에 앉아 천천히 음미하면서 나만의 아침 식사를 즐겼다. 빨간 스탬프로 카페 이름이 찍혀 있는 컵에 담겨 나온 커피는 원두 오일이 표면에 떠 있는 걸 보니 융 드립이나 프렌치 프레스로 커피를 내린 듯했다. 강렬하면서 신선한 원두의 향이 그대로 살아 있었다.

샌프란시스코의 많은 카페에서 이러한 데일리 메뉴를 차례로 맛보며 심플하면서도 맛있는 음식을 만들기가 얼마나 어려우면서도 중요한지 새삼 깨달았다. 잘 어울리는 몇 가지 신선한 재료를 좋은 빵에 얹어내는 것만으로도 많은 사람을 단골로 만들 수 있는데, 막상 카페를 운영할 때는 그리 녹녹지 않은 문제이기도 하다. 그런 면에서 팜테이블의 데일리 메뉴 정책은 참 똑똑하다. 캘리포니아의 신선한 제철 채소와 과일을 그때그때 맞추어 활용할 수 있고, 한 가지 메뉴만 만드니 더 집중할 수 있으니까 말이다.

하지만 어떻게 매일 메뉴를 바꾸는 배짱을 부릴 수 있는지 궁금해서 홈페이지를 찾아가 보니, 놀랍게도 팜테이블은 홈페이지 www.farmtablesf.com와 트위터 @farmtable를 통해 매일 달라지는 '오늘의 메뉴'를 12시간 전에 공지하고 있었다. 단골손님들은 온라인으로 메뉴를 체크한 후 '내일 먹으러 가야지' 하는 계획을 세울 수 있고, 카페 역시 한 가지 메뉴의 재료 준비만 제대로 하면 되니 윈윈 전략이다. 물론 현지인들과의 심리적인 거리가 그만큼 가까워지도록 오랫동안 신뢰를 쌓아야만 가능한 홍보 방법이기는 하지만, 오히려 이렇게 매일 색다른 메뉴를 제철 식재료로 만들어낸다는 점이 거꾸로 믿음직한 카페라는 인식을 줄 수도 있는 일이다. 테이블도 하나, 메뉴도 하나뿐이지만 매일 따뜻하고 신선한 홈메이드 아침 식사를 만들어 주는 카페, 우리 동네에도 이런 카페가 하나쯤 있었으면 좋겠다.

프렌치 베이커리와 커피가 유명한
라 볼란지 & 블루 바틀

서울에 가로수길이 있다면, 샌프란시스코에는 필모어 스트리트가 있다. 샌프란시스코에서도 가장 모던하고 세련된 거리로 꼽히는 필모어 스트리트에는 그 유명한 화장품 베네피트Benefit의 역사적인 부티크 숍과 크고 작은 옷 가게, 카페, 커피와 빵의 향기가 가득하다. 아기자기한 아이쇼핑도 재미나지만, 이곳을 찾은 이유는 현지인 스타일로 캐주얼한 브런치를 즐기기 위해서였다.

샌프란시스코에 총 9개의 매장을 둔 프렌치 레스토랑 '라 볼란지La Boulange'는 이곳 필모어에도 멋진 분점을 두고 있다. 몇 가지 유명한 메뉴가 있지만 그 중에서도 BLT 샌드위치와 프렌치토스트를 꼭 먹어보라는 현지인들의 팁을 잊지 않고 주문 완료! 번호표를 들고 2층 좌석으로 향했다. 점심 때가 살짝 지난 늦은 오후인데도 가게엔 사람으로 꽉 찼다. 잠시 후 서빙된 샌드위치는 신선한 야채와 베이컨으로 속이 터질 만큼 꽉 차 있었고, 프렌치토스트는 태어나서 처음 먹어보는 '푸딩'의 부드러운 질감 그대로였다. 샌드위치에 곁들여 나오는 감자튀김도, 토스트에 나오는 과일 샐러드도 모두 신선하고 맛있었다. 무엇보다 음식 만드는 사람의 정성을 느낄 수 있는 소박함이 마음에 쏙 들었다. 가장 압권은 카페 라떼. 큰 사이즈의 라떼를 시켰더니 이가 빠진 낡고 커다란 사발에 거품 가득 담겨 나왔

● 라 볼랑지의 대표 메뉴인 프렌치토스트와 카페 라떼.

다. 나중에 나만의 카페를 차리면 어느 빈티지 시장에서 건져낸 낡은 사발에 커피를 담아 서브하면 어떨까 상상해봤다.

가득한 포만감과 꼭 그만큼 행복했던 브런치를 선사해준 라 볼란지는 현지인에게 사랑받는 로컬 체인 레스토랑이다. 매일 새로운 빵을 구워내는 베이커리가 함께 운영되고, 그 빵으로 만든 각종 샌드위치가 이 집의 자랑거리다. 라 볼란지의 개성을 더욱 자세히 들여다보려면 이들의 블로그www.laboulangesf.blogspot.com에 방문하면 된다. 한국의 어느 레스토랑 홈페이지를 가봐도 자신들의 시그니처 메뉴의 레시피를 공개하는 일은 거의 없다. 하지만 라 볼란지의 블로그에는 맛있는 수프와 파이의 레시피가 상세히 소개되어 있다. 또 프렌치 레스토랑의 정체성을 잘 보여주는 고유의 일러스트가 곁들여진 새로운 소식이 연재된다. 온라인에서도 오프라인 매장의 정체성을 너무나 일관적으로 유지하고 있는 라 볼란지의 블로그는 여행을 다녀온 후에도 자주 찾는 사이트가 되었다.

샌프란시스코 시내를 관통하는 큰 길은 유니언 스퀘어를 지나 바다로 향한다. 그 끝에는 항구 도시의 멋스러움을 가득 담은 페리빌딩이 있다. 눈부시게 희고 높은 시계탑은 샌프란시스코의 현재 시간을 성실히 가리키고, 오래된 페리빌딩 안에서는 지금을 살아가는 사람들의 부지런한 일상이 진행 중이다. 현지에서 생산된 신선한 재료로 만든 온갖 식료품을 판매하는 상점이 늘어선 페리빌딩은 아늑한 돔 천장으로 쏟아져 내리는 햇살과 함께 느긋한 구경과 쇼핑을 즐길 수 있는 곳이다. 신선한 버섯들만 취급하는 가게, 직접 재배한 올리브로 짜낸 오일 전문 상점, 매일 아침 빵을 구워내는 유명 베이커리 등이 사이좋게 공존한다. 그 중에서도 페리빌딩을 상징하는 카페가 있으니 바로 '블루 바틀Blue Bottle'이다.

이거 한 잔 마시려고 이역만리를 날아왔다면 과장이겠지만, 커피 마니아인 내게 블루 바틀은 그동안 동경과 로망의 대상이었다. 간판에 새겨진 파란 병 로고를 발견한 순간 가슴이 콩닥콩닥해 얼른 매장으로 들어갔다. 평일 오전인데도 블루 바틀 커피에는 사람들이 북적북적 몰려 있었다. 드립 커피는 신선한 원두의 향이 그대로 느껴지는 진한 커피였는데, 특히 점원이 커피 내리는 모습을 직접 구경할 수 있어서 더욱 맛에 대한 믿음이 갔다. 샌프란시스코에 머무는 동안 블루 바틀에 한 번 더 갈 기회가 있었는데 두 번째 방문 때는 아이스 커피의 일종인 '뉴올리언즈 커피'를 마셔 보았다. 현지에서 인기가 높다는 후기를 보고 주문했는데, 이미 만들어진 커피액에 우유를 타서 달짝지근하게 만드는 커피여서 단맛을 싫어하는 내 입맛엔 맞지 않았다. 역시 유명한 커피집에서는 드립 커피가 진리라는 걸 다시 한 번 확인했다. 블루 바틀은 스타벅스의 아성에도 꿋꿋한 로컬 커피의 대표 주자답게 미국인의 입맛에 맞는 독특한 커피 메뉴를 보유하고 있어 한 번쯤 꼭 마셔볼 만하다.

블루 바틀 커피는 원래 막대기로 빠르게 휘저어서 내린 진

한 원두커피를 노점상에서 팔면서 유명해졌다고 한다. 그래서 지금
도 페리빌딩 매장에는 앉는 자리가 좁은 바 하나뿐이라서 대부분은
서서 마신다. 자리도 없고 불편하게 서서 마셔야 하는 커피를 왜 사
람들은 이토록 사랑하는 것일까? 매장에는 의자와 테이블이 없는 대
신, 매일매일 신선하게 볶아서 날짜를 찍어 내놓는 원두를 살 수 있
다. 조그마한 파란 병 모양이 그려진 예쁜 커피 드리퍼도 판다. 블루
바틀은 그 자체로 브랜드가 되었고, 단순하지만 정체성이 잘 살아
있는 브랜드 로고를 통해 현지인에게 '좋은 커피는 블루 바틀'이라
는 인식을 심어주었다.

커피 전문점이 제공해야 하는 가치가 휴식 공간이 아닌 커피
그 자체라는 것을 블루 바틀은 보여준다. 실제로 나 역시 이곳에서 커

● ● 매일 인산인해를 이루는 페리빌딩의 블루 바틀 커피.

피를 사 마신 비용은 5~6달러 정도인데, 원두와 드리퍼 하나를 샀더니 30달러나 들었다. 믿음이 가는 커피, 블루 바틀이 주는 정직한 매력에 이끌린 탓이리라. 지금도 샌프란시스코를 떠올리면 가장 먼저 블루 바틀의 로고와 진한 커피 원두의 향기가 저절로 오감을 맴돈다.

네덜란드에 스타벅스가 드문 이유,
도우 에그버츠 & 그랑 카페 민트

네덜란드를 여행하다 보니 한국에 비해 유난히 스타벅스 매장이 드물다는 사실을 알게 되었다. 로컬 커피 브랜드 '도우 에그버츠Douwe Egberts'가 버티고 있기 때문이다. 네덜란드를 여행하다 보면 자주 눈에 띄는 도우 에그버츠는 네덜란드 최대의 커피 브랜드로, 인스턴트 커피부터 직영점, 심지어 맥도날드에서도 이곳의 커피를 사용할 정도다.

헤이그의 갤러리 골목을 걷다가 도우 에그버츠의 직영 카페를 발견한 김에 다리도 쉬어갈 겸 들어가 봤다. 평일 낮에도 많은 이들이 이곳을 찾고 있어 빈자리가 없었다. 뭔가 달달한 게 마시고 싶어서 바닐라 라떼를 주문하고 카페를 찬찬히 돌아봤다. 이곳 카페는 단순히 커피만을 파는 게 아니라 더치 디자인에 경쾌한 디자인의 머그컵과 티팟 등을 팔고 있어 커피 관련 종합 스토어의 기능에도 충실했다. 가격도 그리 비싸지 않아 여행 기념품을 구입하기에도 최적이며, 커피 원두와 양질의 홍차도 팔고 있어서 한참을 구경했다.

네덜란드가 주변 국가에 비해 스타벅스 매장이 적은 이유를 이곳에 와보니 비로소 알 수 있을 것 같았다. 좌석은 그리 많지 않았지만 특유의 여유 넘치는 분위기가 분명 존재했다. 특히 창가에서 애프터눈 삼단 티세트를 시켜놓고 한가로운 오후를 만끽하고 있는 할머니들의 모습이 인상적이었다. 스타벅스가 전 세계에 전파한 빠르고 간편한 커피 문화 대신 전통과 여유를 중시하는 유럽인의 차 문화가 그대로 깃들어 있는 상징적인 풍경이었다.

잠시 후 내가 주문한 라떼를 가져오기 위해 계산대로 가니 "설탕과 스트로우 등은 저기서 가져가시면 되고요. 쿠키도 무료로 가져다 드세요"라며 친절히 안내를 해주었다. 바삭한 코코넛 쿠키와 달콤한 초코칩 쿠키가 부드러운 라떼 거품과 함께 퍽 어울렸다. 여행자에게 주어진 '휴식'이라는 선물, 훌륭한 카페에서 누리니 그 기쁨이 더했다.

커피만큼은 아메리카노를 고집하는 나지만, 네덜란드에서 가장 많이 마셨던 커피는 도톰한 우유 거품이 얹혀진 카푸치노였다. 어느 카페를 가든 메뉴판의 맨 위에는 어김없이 카푸치노가 자리잡고 있었고, 포스퀘어의 팁Nearby tips을 검색해봐도 이곳저곳의 카푸치노만큼은 꼭 마셔보라는 조언이 빠지지 않는다. 네덜란드의 궂은 날씨에 춥고 힘들어질 때면 나는 카페를 찾았고, 현지인이 사랑하는 카푸치노를 주문했다.

　　본격적인 암스테르담 여행 첫날, 우산과 비옷을 모두 호텔에 두고 온 나는 점점 굵어지는 봄비를 맞으며 담 광장 주변을 정처 없이 헤매고 있었다. 여행한다는 설렘보다는 일단 비부터 피해야겠다는 생각에 잔뜩 날이 서 있었다. 그때 홀연히 눈앞에 나타난 그랑 카페 민트Grand cafe mynt는 밖에서 언뜻 보기엔 트렌디한 칵테일 바처럼 보여서 비를 쫄딱 맞은 무신경한 여행자의 옷차림으로 대낮부터 선뜻 들어가기가 망설여졌다. 하지만 라운지 같기도 하고 바 같기도 한 묘한 공간에 호기심이 발동해서 한참 지나치던 발걸음을 다시 뒤로 돌려 카페에 들어갔다. 생각보다 아늑하고 따뜻한 카페였다.

　　바에 가서 카푸치노 작은 사이즈를 주문하고 자리를 잡았다. 곧이어 나온 카푸치노는 시나몬 파우더가 뿌려져 있지 않아 담백한 맛이었다. 커피와 함께 나온 작은 사이즈의 바삭한 쿠키가 왠지 모르게 정겨웠다. 커피를 기다릴 때도, 커피가 나오는 그 순간에도 바 뒤의 네온 조명은 지겨워질 때마다 핑크, 그린, 블루 등으로 다채롭게 컬러를 바꾸며 공간의 느낌을 변신시키고 있었다.

　　커피의 절반을 차지하는 풍성한 우유 거품으로 부드러움을 한껏 느낄 수 있는 카푸치노, 그리고 잠시 쉬어가는 그 순간은 여유롭고 행복했다. 게다가 무료 와이파이를 지원하고 있어서 아이폰을

● ● 화려한 조명의 그랑 카페 민트(좌) / 도우 에그버츠 카페의 예쁜 티웨어(우).

켜 오랜만에 한국 소식도 보고 흔적도 남겼다. 여행 종반에야 알게 된 것이지만 이렇게 인터넷이 되면서 깨끗한 화장실2층에 있다도 무료로 사용할 수 있는 암스테르담의 카페는 그리 많지 않았다. 대부분 요금을 내야 하고 인터넷도 호텔을 벗어나면 와이파이되는 곳을 찾기가 어렵다.

우연히 길가다 만난 카페치고는 너무나 만족스러웠던 곳. 게다가 암스테르담의 올드한 카페나 레스토랑과는 차별화된 실내 인테리어와 분위기, 메뉴 구성도 인상적이어서 카페 쪽에 관심이 많은 내게는 더없이 좋은 공부가 되었다. 다른 테이블을 보니 음료 외에 간단한 식사도 많이 주문하는데, 꽤 먹음직스러워 괜찮아 보였다.

grandcafemynt.com/menu.html

숟가락이 핫초코로 변하는
초콜릿 컴퍼니

초콜릿 컴퍼니는 벨기에와의 접경 도시 마스트리흐트에서 가장 유명한 쇼콜라티에의 초콜릿 가게로, 작은 카페를 겸하고 있다. 여행 준비할 때부터 현지인의 추천과 독특한 선물용 초콜릿을 판다는 소문을 듣고 꼭 한번 가보려고 체크해 놓았던 곳인데, 내가 묵었던 호텔과 위치상으로 너무 가까운데 아무리 찾아도 보이지를 않았다. 알고 보니 간판이 작아서 바로 눈앞에서 못 보고 계속 지나쳤던 것. 벽에 기대어 놓은 칠판 위에 'CHCO'라고 적혀 있는 흰 건물을 찾아야 한다. 이렇게 작고 멋진 가게에 가려면 언제나 발품은 좀 팔 각오를 해야 하지만 그만한 보람이 있다.

자그마한 초콜릿 가게에 들어가니 수많은 초콜릿들이 예쁜 패키지에 싸여 지름신을 마구 부추겼다. 일단 안쪽의 카페에 자리를 잡고 이 가게의 명물 초콜릿 케이크와 커피를 주문했다. 달달한 코코아 맛만 나는 게 아니라 케이크 안에 쌉쌀한 초콜릿이 진득하게 녹아 있는 진정한 브라우니 스타일의 케이크가 나왔다. 커피를 시키면 또 초콜릿 조각 2개를 곁들여 내오기 때문에 잠시 동안 달달함에 정신을 못 차렸다. 커피와 케이크는 합쳐서 6유로 내외. 이 밖에도 주인의 허락을 받고 계산대 밑에 화려하게 펼쳐진 베이커리도 자세히 구경해 보았다. 조각으로 맛보았던 초콜릿 케이크부터 신선한 딸기 등을 이용한 온갖 종류의 케이크가 달콤한 향연을 이루고 있었다. 통째로 한판 업어오고 싶은 걸 꾹 참았다.

뭐니 뭐니 해도 초콜릿 컴퍼니의 간판 제품은 두툼한 사각형 초콜릿바 '초코바 디럭스', 그리고 각종 시럽이 든 튜브를 초콜릿에 연결해 놓은 '핫초코 스푼'이다. 초콜릿바는 들어 있는 견과류나 초콜릿 함량에 따라 종류가 다양하다. 하지만 압권은 역시 독특한 패키지의 핫초코 스푼! 나무 숟가락이 꽂혀 있고 시험관 모양의 재미있는 시럽이 든 비닐 튜브가 초콜릿과 묘하게 연결되어 있다. 종류도 캐러멜, 아니스, 오렌지, 시나몬, 딸기, 벌꿀 등 심지어 글뤼바인_{데운 와인}에 위스키 맛까지 서른 가지가 넘는다. 이걸 어떻게 먹나 했더니 따뜻하게 데운 우유에 초콜릿을 넣고 시럽을 따서 함께 넣은 다음 스푼으로 잘 저어서 먹는 거란다. 한마디로 간단하면서도 특별한 방법으로 핫초코를 만들 수 있는 미니 키트인 셈. 구경하는 것만으로도 너무 행복했다. 이중에서 몇 가지만 고르는 건 정말 고문이었다. 사실 이 핫초코 스푼은 최근 몇 년 사이 전 세계에 소문날 만큼 유명해져서 다른 나라를 여행하면서도 비슷한 형태의 제품을 종종 보았다. 하지만 분명히 이 멋진 아이디어의 원조는 이곳 마스트리흐트의 초콜릿 컴퍼니다. 홍콩에서 가장 유명한 대형 슈퍼마켓 '시티 슈퍼'에서도 이곳의 핫초코 스푼을 직수입해서 판매하고 있는 걸 본 적 있다.

그 외에도 초콜릿과 관련된 수많은 제품을 팔고 있는데 초콜릿 스프레드나 소스, 베이킹에 쓸 수 있는 초콜릿 칩 등 가공 식품군도 풍부하게 갖추고 있어 필요에 맞게 쇼핑할 수 있다. 무엇보다 마스트리흐트에만 있는 로컬 숍이기 때문에 특별한 여행 선물을 구할 수 있는 가장 멋진 선택이 될 수 있다. 초콜릿 종류가 너무 많아서 고민이었는데, 진열대 밑에 몇 가지 포장된 봉지가 놓여 있었다. 나와 같이 쇼핑이 어려운 여행자를 위한 일종의 '복주머니' 패키지였다. 차라리 이게 낫겠다 싶어 20유로 남짓을 주고 복주머니를 하나 골라 들고 상점을 나섰다.

여행이 끝날 때까지 내용물을 뜯어보지 않고 있다가 한국에 와서야 비로소 어떤 게 들었는지 설레는 맘으로 확인해봤다. 예상했던 대로 바 3개, 스푼 3개, 그리고 여러 가지 초콜릿 조각들이 골고루

● ● 시럽과 스푼이 꽂혀 있는 독특한 초콜릿.

 절대 놓치지 말아야 할 여행 스팟은 따로 있다

들어 있었다. 이곳의 모든 초콜릿은 벨기에산 최고급 카카오빈을 사용해 향과 맛이 깊고 진했다. 역시 벨기에와의 접경 지역인 마스트리흐트이기에 이런 멋진 초콜릿 숍이 있구나 싶었다. 마스트리흐트에 오면 쇼핑, 혹은 커피와 함께 진한 초콜릿 케이크를 즐기길 강력 추천한다. 지금까지 만나지 못했던 초콜릿의 신세계를 맛볼 수 있을 것이다. www.chocolatecompany.nl

현지화된 세계 각국의
맥도날드 & 스타벅스 & 이케아 레스토랑

그 나라에 가면 그 나라 음식만 먹는다는 철칙에 따라, 그동안 외국 여행에서 가급적 피해 다녔던 곳이 아이러니하게도 전 세계에 다 있다는 맥도날드다. 하지만 네덜란드 여행을 준비하면서 우연히 맥도날드가 현지화된 재미난 메뉴를 많이 선보인다는 사실을 알게 되어 이번만큼은 가볼 만하겠다 싶었다. 그래서 헤이그에서의 첫 점심 식사는 맥도날드에서 하기로 결정!

네덜란드에서 가장 흔하게 만날 수 있는 간식거리가 우리나라와 일본에서 흔히 '고로케'라 불리는 '크로켓'이다. 네덜란드 맥도날드에는 여지없이 '맥-크로켓'이 있다. 나는 '비타볼룬'이라는 이름의 동글동글한 미니 고로케를 먹어보기로 했다. 또한 감자튀김을 주문할 때는 반드시 마요네즈 소스를 함께 주문하는 것이 현지인 스타일이다. 튀긴 요리에 마요네즈라니 너무 느끼할 것 같아서 발사믹 드레싱의 야채 샐러드와 따뜻한 커피 한 잔도 함께 시켰다.

네덜란드 맥도날드에선 최고의 커피 브랜드 도우 에그버츠의 신선한 커피를 맛볼 수 있는데 그 나라의 높은 커피 수준을 엿볼 수 있다. 더치 스타일의 애플 타르트와 이 커피를 세트로 팔고 있으니 티타임을 즐기기에도 좋다. 무엇보다 제일 좋았던 건 무료 와이파이가 된다는 것! 광장이 훤히 보이는 통유리 창가에 자리를 잡고 느긋한 점심 식사를 즐기면서 지도도 보고, 스마트폰으로 여행 정보도 체크하며 헤이그에서의 새로운 발걸음을 준비했다.

다음 코스는 이케아IKEA. 전 세계 어느 나라에서나 만날 수 있는 브랜드여서 여행 중에 일부러 갈 이유는 예전보다 많이 없어진 게 사실이다. 하지만 해외여행 중에 이케아가 주는 가장 큰 즐거움은 이케아 레스토랑에서 싸고 맛있고 '현지화'된 독특한 메뉴를 맛볼 수 있기 때문이다. 저렴한 가격도 매력적이지만 전 세계 이케아 레스토랑에서는 이케아의 탄생지인 스웨덴 음식이 기본 메뉴다.

서호주 퍼스의 이케아에서는 바로 그 전형적인 본토 이케아 메뉴 '감자튀김이 곁들여진 스웨디시 미트볼'을 맛보았다. 이케아 그릇에 담겨져 나오는 따끈한 미트볼과 감자튀김을 그럭저럭 맛있게 먹었다. 사실상 저렴하니 맛은 둘째다. 근데 특이한 건 감자 옆에

케첩이나 다른 소스를 주는 게 아니라 딸기잼을 곁들여준다는 것. 처음엔 '이게 뭐지?' 했는데, 잼에 찍어 먹는 감자 맛도 자꾸 먹다 보니 썩 나쁘진 않았다. 커피는 잔만 가져다가 계산하고 머신에서 알아서 내려 마시면 된다. 기본 원두커피뿐 아니라 카푸치노, 핫초코, 홍차 등 다양한 음료가 준비되어 있어 푸짐한 인심이 맘에 들었다. 커피, 카푸치노에 이어 탄산음료 코너에서 얼음을 가져다가 아이스 홍차까지 만들어 마셨다.

그렇다면 현지화된 이케아 레스토랑의 메뉴는 어떤 게 있을까? 네덜란드의 변덕스런 5월 날씨 탓에 예정했던 하루 일정을 취소하게 된 어느 날, 부슬부슬 내리는 비만은 일단 피하자는 생각으로 이케아를 찾았다. 어느 나라에서나 그랬듯 암스테르담 이케아는 도심이 아닌 변두리에 위치해 있어 찾기 힘들었고, 출입구가 자동차 주차장 내에 숨어 있는 불친절한 구조도 여전했다. 쇼룸은 호주보다 너저분한 디스플레이였고 평일 오전인데 사람은 왜 이리 많은지. 그러나 이케아 레스토랑에 들어서자, 불만으로 삐죽 나왔던 입이 쏙 들어갔다. 저렴하고 푸짐한 이케아 음식이야 워낙 유명하지만, 네덜란드화된 새로운 메뉴들이 나의 호기심을 마구 자극하며 간택을 기다리고 있었다. 특히 케이크와 타르트 등의 디저트 메뉴가 매우 충실했다.

뭘 골라야 할지 한참 망설이다 네덜란드 전통 간식인 아펠볼 Appelbol을, 그리고 샐러드바에서는 신선한 야채를 욕심껏 가득 담고

상큼한 오일 드레싱을 듬뿍 뿌렸다. 누들이 든 새콤한 토마토 수프에는 바삭한 브레드 스틱이 세트로 제공됐다. 이케아에 왔으면 무한정 리필되는 커피는 당연히 필수! 이 모든 게 6유로 내외에서 주문이 가능하다니, 역시 이케아라는 소리가 절로 나왔다. 그 중에서도 사과 디저트 '아펠볼'의 맛이 대박! 이 파이를 접시에 담을 때 옆에 있던 커스터드 소스를 뿌렸는데, 달달하고 풍부한 맛의 소스와 어우러지는 바삭한 타르트 껍질, 통째로 구워진 사과가 절묘하게 어우러져 맛이 일품이었다. 원래 아펠볼은 위트레흐트의 전통 간식으로 주로 가을과 겨울에 자주 먹는 디저트라고 한다. 비 오는 쌀쌀한 날 따끈한 원두커피와 기가 막히게 어울리는 '컴포트 푸드Comfort Food'였다.

맥도날드와 같은 이유로, 여행 중에는 스타벅스에 되도록 가지 않고 가능하면 현지인들이 찾는 로컬 카페에서 커피를 마신다. 한국에서도 대형 커피 체인은 특별한 이유가 없다면 잘 가지 않으려고 하는 편이다. 하지만 일본에 갈 때면 스타벅스에 가끔 들르게 된다. 우리나라에서 팔지 않는 마케팅 상품들이 여행 기념품이나 선물로 제격이고 독특한 프로모션 음료도 맛볼 수 있기 때문이다. 이미 잘 알려진 '시티 텀블러'는 일본 외에도 전 세계 주요 도시의 일러스트를 담은 텀블러로 해당 도시에서만 판매되어 희소가치가 있다. 일본의 스타벅스가 특별한 이유는 미국이나 유럽, 한국에서 팔지 않는 상품과 프로모션 음료가 시즌별로 나오기 때문에 '현지화'의 재미를 어느 곳보다 강하게 느낄 수 있다.

가령 아오모리 현은 일본에서도 꽤나 시골 지역이라 스타벅스가 생긴 지도 얼마 되지 않았고 매장도 한두 곳뿐이다. 운 좋게 여행 마지막 날 스타벅스 매장이 있다는 쇼핑몰에 들러 바디 랭귀지에 초급 일본어까지 동원해서 어렵사리 스타벅스를 찾았다. 매년 3월에 나오는 벚꽃 무늬 텀블러와 계산대 앞에 놓여 있던 사쿠라 비스코티와 사쿠라 마카롱을 사고 나니 졸지에 사쿠라 3종 세트가 완성! 오직 봄철의 일본 스타벅스에서만 만날 수 있는 독특한 기념품이라 여행 선물용으로 좋다. 텀블러를 샀더니 음료를 무료로 담아 준대서 대뜸 앞에 놓인 프로모션 포스터를 보고 "사쿠라 프라프치노 주세요!" 했더니 텀블러에 분홍색 음료를 가득 담아주었다. 벚꽃 잎을 연상케

하는 핑크 초콜릿을 갈아서 위에 뿌려주는데 먹기 아까울 정도로 예뻤다. 맛은 달달하면서 느끼한, 한국인의 취향에는 다소 오묘하게 느껴지는 맛이었다. 일본인들이 사랑하는 봄철의 맛은 이런 것일까.

 절대 놓치지 말아야 할 여행 스팟은 따로 있다

개성 넘치고
생동감 있는 시장

전혀 다른 매력이 있는
샌프란시스코의 두 파머스 마켓

우리네 3일장, 5일장처럼 특정 요일에만 열리는 농산물 장터 '파머스 마켓'은 삭막한 도심 속에서 푸근한 인심을 만나기에 부족함이 없는 시장이다. 샌프란시스코 여행 때도 미리 파머스 마켓이 열리는 일정을 조사해 대표적인 곳을 빠듯하게 둘러볼 수 있었다. 현지인의 소박한 시장 풍경을 만날 수 있는 시빅센터 앞 시장, 그리고 낭만적인 바닷가의 정취를 느끼며 활기찬 사람 구경을 할 수 있는 페리빌딩 파머스 마켓의 비슷하지만 다른 풍경을 만나보자.

숙소에서 몇 걸음만 가면 나오는 시빅센터 광장에는 시청, 오페라 하우스 등 주요 건축물이 있다. 그리고 시빅센터 앞으로 뚫려 있는 큰 길에는 매주 수, 토요일 아침 9시부터 파머스 마켓이 선다. 여행 3일째인 수요일 이른 아침, 처음으로 시장을 간다는 생각에 살짝 설레기까지! 광장 근처에는 벌써부터 과일과 채소를 한 꾸러미씩 들고 집으로 향하는 종종걸음이 많이 눈에 띈다. 위치는 잘 몰랐지만 그쪽으로 가는 이들이 많아서 쉽게 찾을 수 있었다.

시빅센터 파머스 마켓은 그야말로 관광객보다는 현지인을 위한 시장이다. 나중에 알게 됐지만 여기서 파는 과일과 채소의 가격이 다른 시장보다 비교적 저렴하다. 그래서인지 동양인이나 동네 주민들이 장을 봐가는 모습이 유난히 자주 보인다. 시장의 규모는 그리 크지 않지만 다양한 채소와 식료품을 팔기 때문에 구경하는 재미가 있다. 이곳 파머스 마켓에는 개인 농장에서 재배한 수확물을 바로 들고 나오기 때문에 품질에는 다들 자부심이 대단하다. 오늘 아침에 닭이 낳은 따끈따끈한 달걀, 채 이슬이 가시지도 않은 신선한 허브 다발을 만날 수 있는 곳이 바로 이곳 시장이다.

여행을 함께한 엄마는 한국의 대형마트와는 너무도 다른 이곳의 시장 문화와 캘리포니아의 풍성한 자연 혜택이 그저 놀랍고 부러우신지 자꾸 "여기서 살면 너무 좋겠다"고 하셨다. 산딸기에 눈을 떼지 못하시는 엄마를 위해 라즈베리, 딸기, 골든 라즈베리가 든

산딸기 3종 세트를 통째로 사버렸다. 맛은 우리나라 산딸기 맛? 이 걸 어떻게 가지고 다녀야 하나 걱정했지만 선선하고 건조한 날씨 덕에 하루 종일 들고 다녀도 멀쩡했다. 딸기를 파는 아저씨께 씻지 않고 먹어도 되냐고 물었더니 곧바로 탁자 밑에서 'Organic'이라고 쓰인 안내판을 꺼내시며 "우리 딸기는 친환경 재배한 거니 그냥 먹어도 괜찮아요"라고 친절히 설명해주셨다. 그날 오후 페리빌딩 근처에서 점심거리를 사서 요 딸기들과 함께 먹었는데 정말 상큼하고 맛있었다. 간만에 비타민 제대로 보충한 기분이었다.

토요일에는 샌프란시스코에서 가장 유명하다는 페리빌딩의 파머스 마켓에 가보기로 했다. 시내에서 페리 쪽으로 향하는 길목은 벌써부터 빈티지와 핸드메이드 제품을 파는 시장으로 문전성시를 이뤘다. 빈티지 마켓에서 많이 보이는 플랫 보틀Flat bottles은 캘리포니아의 특산물인 와인의 빈 병을 납작하게 누른 장식품이다. 이런저런 구경거리를 지나 페리 플라자 양 옆으로 길게 늘어서 있는 파머스 마켓으로 발걸음을 재촉했다.

페리빌딩 파머스 마켓은 사실 과일과 채소 같은 농산물을 사기에는 그다지 적합하지 않다. 이곳이 너무 유명해져서 관광객을 대상으로 하다 보니 시빅센터보다 가격이 비싼 편이다. 대신 시식 코너가 풍부하니 다양한 모양의 과일을 구경하고 맛보는 재미는 쏠쏠하다. 또 다양한 농장에서 직접 만들어 온 핸드메이드 잼과 소스, 오일을 파는 가게가 많으니 선물용으로 구입하기에는 이곳이 더 종류가 많고 고르기 좋다.

　　그렇다면 페리빌딩 파머스 마켓만의 매력은? 바로 이곳에서
난 신선한 식재료로 만들어 파는 야외 먹거리 장터다. 시장 구경을
마치고 슬슬 배가 고파질 즈음 페리 플라자 뒤로 가면 'La cocina'라
는 간판과 함께 각종 먹거리를 만들어 파는 노점이 길게 늘어서 있
다. 가장 인기 폭발인 코너는 '로스트 치킨 & 포테이토'를 파는 가게
다. 어느덧 정신을 차려보니 나 역시 길고 긴 대열에 합류해 있었다.
수십 마리의 닭들이 갈색으로 지글지글 익으며 먹음직스럽게 돌아
가고 있으니 이 장면을 보고 그냥 지나치는 건 치킨을 극도로 싫어
하는 사람이 아니면 불가능하다. 다행히 줄은 생각보다 빨리 줄어들
어 드디어 내 차례가 왔다. 콤보 세트를 주문하니 치킨 반 마리와 치
킨 기름으로 먹음직스럽게 구워진 웨지 감자가 곁들여져 나왔다. 감
자는 로즈마리 시즈닝으로 구워져 그 맛이 가히 환상적이었다. 눈
앞에 펼쳐진 샌프란시스코의 푸른 바다를 감상하면서 맛있게 먹었
다. 곁들여진 라임 조각을 치킨에 휘릭 짜낸 뒤 감자와 함께 입에 넣
으니 순식간에 그릇이 비워졌다.

　　시빅센터에서 현지인들의 정겨운 생활 현장을 만남과 동시
에 삶의 팍팍하고 고단한 흔적을 슬며시 엿보았다면, 페리빌딩에서
는 특유의 여유로움을 물씬 느낄 수 있었다. 어떤 마켓으로 향하든
지 그것은 당신의 자유다. 샌프란시스코의 파머스 마켓은 이곳 외에
도 포트 메종 센터Fort Mason Center, 민트 플라자Mint plaza에서 정기적

으로 여는 마켓이 있으니 구글 검색을 통해 기간과 요일을 꼭 알아보고 찾아가면 된다. 겨울에는 하지 않는 곳이 많다.

현지인의 생생한 삶을 만나는
밴쿠버의 파머스 마켓

사람들이 살아가는 생생한 풍경을 가장 가까이서 느낄 수 있는 파머스 마켓은 캐나다에서 가장 살기 좋은 도시 밴쿠버에도 열린다. 해마다 6월부터 10월까지 매주 토요일 아침에 크고 작은 공원에서 소박한 파머스 마켓이 열린다. 9월, 특히 주말에 밴쿠버를 여행하는 게 얼마나 행운인지를 실감하며, 상쾌한 아침 공기를 깊게 들이마시면서 느지막이 숙소를 나섰다.

밴쿠버의 파머스 마켓은 여러 곳에서 열리는데 그 중에서 다운타운과 가까운 넬슨 파크의 마켓을 방문하기로 했다. 롭슨 스트리트 중간에 가는 길이 이어져 있어 찾기도 쉬웠다. 정확한 위치는 뷰트 스트리트Bute Street와 설로 스트리트Thurlow Street 사이다. 밴쿠버의 평범한 가정집들을 하나하나 구경하면서 천천히 산책하다 보면 파머스 마켓의 개장을 알리는 표지판이 한눈에 보인다. 입구에서부터 벌써 두근두근한 게 진짜 여행을 하는 것 같아 뿌듯하기도 하고 마음이 설렜다. 입구에서부터 아이를 안고 마켓을 찾은 사람들이 눈에 많이 띄었다. 한가로운 밴쿠버의 토요일 아침 풍경이 이제 본격적으로 펼쳐지는 순간이었다.

공원에는 할아버지와 아기가 폴로 채를 가지고 열심히 공을 굴려대고 있었다. 파란 잔디밭에 아이가 낑낑대는 모습이 어찌나 귀엽던지! 채와 공은 잔디밭 한 켠에 놓여 있어 원하는 누구나 자유롭게 가져다 놀고 다시 갖다 두면 되는 듯했다. 파머스 마켓과 너무나 잘 어울리는 토요일의 한가로움이 묻어났다.

파머스 마켓은 넬슨 파크의 가장 안쪽 경계 도로를 타고 길게 늘어서 있었다. 오전 9시부터 열리는데 12시가 다 되어 마켓을 찾았는데도 아직 많은 사람이 장을 보느라 분주한 모습이었다. 신선한 먹거리를 사기 위해 나온 현지인들로 활기찬 분위기였다. 관광객들에게는 아직 알려지지 않은 듯 동양인은 나밖에 없었다.

봄부터 가을까지 열리는 파머스 마켓에서는 로컬 농가에서 직접 기른 작물을 가지고 나와 토요일마다 판매한다. 슈퍼마켓에서 파는 것보다 훨씬 신선하고 가격도 저렴해서 현지인들에게 인기가 높다. 비닐봉지에 직접 과일을 담는 밴쿠버 주민들의 모습은 우리네 재래시장 풍경과 크게 다르지 않다. 게다가 여기서 파는 갖가지 농작물과 소스, 식품들은 대부분 유기농이어서 매주 많은 사람들이 이곳을 믿고 찾는다고 한다.

캐나다 감자는 색깔이 가지각색이어서 재미있다. 우리나라에도 붉은 감자가 있지만 이곳 감자가 크고 더 못생겼다. 곳곳에 여러 종류의 치즈를 파는 상점도 보인다. 캐나다 사람들도 치즈를 매우 즐겨먹기 때문에 무척 다양한 종류를 쉽게 찾을 수 있다. 작은 치즈 조각들도 시식용으로 준비되어 있어 이것저것 집어먹는 재미도 쏠쏠하다. 마켓이 끝나는 지점에는 각종 음료와 커피를 파는 가게도 있으니 목이 마를 땐 이곳을 찾으면 된다.

파머스 마켓에 농산물과 먹거리만 있는 건 아니다. 각종 공예품이나 크래프트 제품, 핸드메이드로 만들어진 여러 물건들도 함께 구경할 수 있다. 사진은 찍지 못했지만 넬슨 파크에서만 만날 수 있는 '멜론 헤드 니트 웨어'라는 니트 모자 가게가 매우 유명하다.

자, 마켓 끝까지 왔으니 뭔가 주전부리 좀 해보러 다시 되돌아 걸었다. 이제는 가족끼리, 혹은 이웃들과 함께 삼삼오오 마켓을 찾은 수많은 밴쿠버 현지인들을 구경하는 여유가 생겼다. 흔해빠진 관광지 같지 않아 좋고, 현지인들의 평범한 일상을 바라볼 수 있어서 좋다. 아침 식사를 한 지 얼마 되지 않아서 배는 고프지 않고, 뭔가 달콤하고 기운이 날 만한 간식거리를 찾다가 마침 한 가게 앞에서 발걸음을 딱 멈췄다. 아주머니가 집에서 직접 구워 오신 각종 타르트와 머핀, 스콘 등이 진열되어 있는데, 모든 게 먹음직스러워 보이고 가격도 저렴했다.

내가 고른 것은 큼직한 블루베리 스콘과 대추야자 잼 파이. 태어나서 이렇게 촉촉한 스콘은 처음 먹어 봤다. 홈메이드 스콘이라서 모양은 반듯하지 않고 울퉁불퉁하지만 정감 있고 포근한 맛이다. 안에 통째로 든 블루베리도 새콤달콤하게 씹혔다. 어느새 잔디밭에 털썩 주저앉아 만사를 잊고 스콘에 집중했다. 대추야자 잼이 들어간 파이도 보통 맛이 아니었다. 위에는 자잘한 크럼블이 덮여 있고 파이 속은 대추야자 잼으로 꽉 차 있었다. 쫀득하고 달콤해서 한입 먹는 순간 세상의 시름을 잊었다. 커피를 사는 것도 잊고 잔디밭에서 신발도 벗어버린 채 앉아 과자를 먹으며 여유로운 휴식 시간을 가져 봤다. 주위에는 마켓에서 먹거리를 사서 아무데나 앉아 먹는 젊은이들을 쉽게 찾을 수 있었다. 밴쿠버를 여행한다면 파머스 마켓에 일찌감치 나와 현지인들과 함께 아침 식사를 하는 토요일 일정을 계획해보자.

밴쿠버의 넬슨 파크 파머스 마켓은 6월 7일~10월 25일, 매주 토요일 오전 9시부터 오후 2시까지 열린다. 밴쿠버 부근의 파머스 마켓은 이 외에도 3곳이 더 있다. 자신이 머무는 곳에서 가까운 곳을 찾으면 편하다.

밴쿠버의 파머스 마켓

- **Riley Park at Nat Bailey Stadium**

  30번 가와 온타리오 스트리트

  – 매주 수요일 12:30~17:30 6월 4일~10월 22일

- **East Vancouver at Trout Lake Community Centre**

  이스트 15번 가와 빅토리아 스트리트

  – 매주 토요일 9:00~14:00 5월 17일~10월 25일

- **Kitsilano at Kitsilano Community Centre**

  10번 가와 라치 스트리트

  – 매주 일요일 10:00~14:00 6월 1일~10월 26일

* 관련 웹사이트 www.eatlocal.org

주전부리 파라다이스
그랜빌 아일랜드 퍼블릭 마켓

밴쿠버에서의 3일째 아침, 일찍 일어나 스탠리 파크에서 잉글리시 베이까지 쉴 틈 없이 걷다 보니 반가운 2개의 다리가 보인다. 버라드 브릿지를 지나 그랜빌 브릿지, 그리고 그 밑에 선명하게 새겨진 간판, '그랜빌 아일랜드 퍼블릭 마켓'이다. 그랜빌 아일랜드는

밴쿠버에서 가장 밴쿠버스러운 곳으로 손꼽힌다. 그랜빌 브릿지 밑에 창고처럼 커다랗게 지어놓은 퍼블릭 마켓은 밴쿠버 시민들의 눈과 입을 즐겁게 하는 형형색색의 먹거리들로 가득한 시장이다.

그러고 보니 밴쿠버 사람들이 퍼블릭 마켓에 주말마다 찾아와 꼭 먹고 가는 그들만의 '소울푸드'는 무엇일지, 그들의 장바구니에는 어떤 채소와 과일이 담길지 호기심이 마구 피어올랐다. 멀리서 봐도 마켓 문을 나서는 사람들이 신선한 해물과 야채 등을 잔뜩 사가는 모습이 보였다. 오늘 같은 토요일에는 전 세계에서 찾아온 나 같은 관광객까지 몰려 그야말로 복작복작 사람 사는 냄새 제대로 풍기는 곳이기도 하다.

드디어 그랜빌 아일랜드에 입성! 시장에 들어서니 제일 먼저 초록, 빨강, 노랑의 싱싱한 빛깔이 나를 반겼다. 토실토실한 토마토와 파프리카, 길쭉 통통한 오이, 이상하게 생긴 처음 보는 과일들 때문에 눈이 핑핑 돌아갔다. 그 중에서도 나를 사로잡은 건 탐스러운 빛깔의 체리! 어쩌면 체리의 빛깔이 저리도 곱고 생생한가 했더니, 밴쿠버 이웃 도시인 오카나간이 와인 외에도 체리로 무척 유명하다고 한다. 이곳에서 파는 체리 역시 오카나간 산이다. 게다가 싸긴 또 왜 이렇게 싼지, 체리가 가득 든 팩 하나에 겨우 2~3달러 정도다. 우리나라에서 이 정도 체리를 사먹으려면 1만 원에도 택도 없다는 생각이 번뜩 들면서, 결국 한 박스를 사서 숙소로 가져가서 다 먹었다. 베리류를 특히 좋아하기 때문에 산더미처럼 쌓여 있는 라즈베리와 블랙베리에서도 눈을 떼기가 힘들었다. 각종 베리는 체리보다 좀 더 비싸고 금방 물러져서 차마 사진 못했지만, 밴쿠버가 속한 브리티시 컬럼비아 주는 블루베리의 세계적인 생산지로 알려져 있다. 이곳에 왔다면 다양한 베리를 꼭 즐겨볼 것을 권한다. 신선하고 달큰한 베리의 향연에 푹 빠질 수 있다.

케이크와 파이를 좋아한다면 퍼블릭 마켓은 그야말로 주전부리 파라다이스다. 온갖 과일 타르트부터 호박 파이, 견과류가 잔뜩 든 파이 등 집집마다 종류도 모양도 다 다르다. 구경하기만 해도 배가 부르다. 쿠키에 꽃무늬로 알록달록 아이싱을 해놓고는 '플라워

● ● ● 로컬 농장에서 생산되는 신선한 각종 베리들. 맛과 가격이 만족스럽다.

쿠키'라고 이름을 붙여 놓았다. 우리네 베이커리처럼 완벽한 모양새가 아니라 평범한 가정집에서 오늘 아침 구워서 가져온 정겹고 투박한 쿠키들이 많다. M&M 초콜릿을 그대로 넣어서 구워낸 전형적인 미국식 쿠키도 많이 보인다. 발효빵을 전문으로 하는 유명한 빵집도 있는데 바게트나 파니니 같은 기본 빵을 사기 위해 이곳 빵집을 찾는 사람들이 많다고 한다.

발길을 차마 돌리지 못하고 맴돌았던 가게는 각종 소스와 처트니를 진열해 놓은 소스 전문 가게다. 뭔 놈의 소스 종류가 이렇게도 많은지, 여기서 살았다면 다 한 번씩 맛볼 수 있을 텐데 여행자 신분이라는 게 그저 원망스러울 뿐이었다. 냉장 식품이라 들고 가지도 못하고 눈으로만 즐겁게 구경했다. 이밖에도 캐나다는 세계적인 연어 생산지여서 연어로 만든 페퍼로니 햄과 육포도 많이 파는데 여행 선물용으로 매우 훌륭한 아이템이다.

한참을 구경하다 보니 이미 점심 때를 넘긴 시간, 슬슬 배가 고파지기 시작했다. 조리 식품을 파는 식당 쪽으로 발길을 옮겼는데, 여기도 종류가 하도 많아서 뭘 먹어야 할지 몰랐다. 마켓 내에는 다양한 요리들을 파는 레스토랑들이 빼곡히 모여 있다. 전 세계 요리를 다 모아놓은 듯한 느낌? 중국식 패스트푸드부터 인도 커리, 그리스 요리, 독일 요리까지 없는 게 없었다.

나는 아까부터 점 찍어두었던 핫도그 가게로 발길을 돌렸다. 아무래도 복잡하게 생긴 음식보다는 직관적으로 다가오는 비주얼이 마음을 움직였다. 소시지를 그릴에 맛있게 굽고 있는 장면도 먹음직스럽고 소시지 향기는 더했다. 근데 유럽식 핫도그를 시키니 그릴에 구운 소시지가 아닌 데친 소시지를 넣어주었다. 아뿔싸! 그냥 먹는 수밖에. 구운 소시지를 먹고 싶은 사람은 미국식을 주문해야 한다. 아저씨가 빵에 소시지만 얹어주면 나머지는 바 앞에 놓인 야채와 소스를 양껏 넣어 먹으면 된다. 맨날 한국에서 파는 그저 그런 핫도그만 먹다가 이곳 퍼블릭 마켓의 즉석 핫도그를 먹어보니 재료의 차이가 너무 확연하게 느껴졌다. 독일식 사워크라우트양배추 절임와 홀그레인 머스터드 등을 소시지 위에 듬뿍 넣어주니 핫도그가 그냥 핫도그가 아니다. 맛있는 핫도그 덕분에 기운 차리고 다시 그랜빌 투어를 시작했다.

　　이제 퍼블릭 마켓 주변의 자그마한 숍을 둘러보기로 했다. 마켓 뒤로 돌아나가면 숍들이 모여 있는데 여기도 은근히 볼거리가 많다. 핸드메이드 수공예품과 기념품을 파는 상점에서는 커피 찌꺼기로 만든 양초를 팔고 있다. 향도 헤즐넛, 시나몬, 에스프레소 등 다양한 종류가 있는데, 처음엔 먹는 건 줄 알고 냄새부터 킁킁 맡아보게 된다. 그 옆에는 바바라 죠의 요리책 전문점Barbara-Jo's BOOKS TO COOKS이 있다. 세상에 참 수많은 서점들이 있겠지만, 요리책만 파는 서점이라니 요리에 관심이 많은 사람이라면 무척이나 탐낼 만한 곳이 아닐 수 없다. 요리책뿐 아니라 요리와 관계된 스토리북과 화보 책도 있고 생각보다 라인업이 충실하다. 특히 비지즈Visi's나 치오피노Cioppino 등 밴쿠버를 대표하는 최고의 레스토랑 셰프가 쓴 책을 눈여겨보자. 한국에 돌아가서 맛있는 요리를 재현해보는 것도 멋진 일이 될 것이다. 또한 가게 내에 키친이 있어서 쿠킹 클래스가 정기적으로 열린다니 요리에 관심 많은 여행자라면 한 번쯤 들러볼 것을 추천한다.

그랜빌 아일랜드 투어는 이탈리아식 아이스크림인 젤라토 가게에서 대미를 장식했다. 숍을 둘러보다 보면 강가에 큰 배가 정박해 있는데, 그 배 방향으로 코너를 돌면 배 바로 앞에 작은 젤라토 가게가 있다. 일본인 언니들이 친절하게 반겨주는 이 가게에서 메이플 바닐라와 크랜베리맛을 주문했다. 3달러에 푸짐하게 얹어주는 인심 좋은 젤라토를 맛보며, 어느새 나도 그랜빌 아일랜드에서 여유롭게 주말을 보내는 현지인들 틈바구니에서 밴쿠버의 공기를 흠뻑 들이마시고 있었다.

유기농 전문 슈퍼마켓
미국의 트레이더 조

4박 6일짜리 LA 여행을 오면서 굳이 숙소나 관광지와 떨어져 있는 슈퍼마켓을 가겠다고 하면, 대부분의 한국 사람들은 여행할 줄 모른다고 생각하거나 아줌마 근성이라는 간단한 결론을 내릴 듯하다. 하지만 내 여행의 반나절을 고이 쏟아부은 미국의 유기농 마켓 체인 트레이더 조Trader Joe's는 LA의 어느 곳보다도 현지인들의 삶을 가까이서 체험할 수 있는 장소였다. LA에 오기 전부터 현지 거주 교포들이 이 마켓을 소개해놓은 포스트를 많이 보고 꼭 와보고 싶어 일부러 마지막 날의 일정을 비워두었다.

할리우드 중심가인 하이랜드 역에서 메트로로 한 정거장만 가면 바인 스트리트Vine st. 역이다. 메트로를 탈 때마다 느끼는 것이지만 모든 역들이 저마다 개성 있는 내부 장식과 설계로 지어져 역을 구경하는 재미도 쏠쏠하다. 어쨌든 바인 스트리트 역과 바로 이어진 W호텔을 등지고 왼쪽으로 올라가다가 다시 좌회전해 한 100미터쯤 걸었을까? 사진으로만 보던 바로 그 빨간 간판, 트레이더 조의 입구가 보였다. 지금 막 장을 보고 나오는 사람들도 간간히 있었는데, 화려한 할리우드가 아닌, 일상의 할리우드를 만날 수 있는 한가로운 거리 풍경이었다.

미국을 대표하는 유기농 전문 슈퍼마켓 트레이더 조Trader joe's는 홀푸드와도 종종 비교되지만 가격이나 콘셉트에서 많은 차별점을 가지고 있다. 우선 트레이더 조는 광고를 하지 않고 주차 공간을 줄인 대신 물건 가격을 파격적으로 저렴하게 책정한다. 대부분의 대형마트가 넓은 주차 공간과 과중한 광고 비용으로 인해 물건 가격을 높이게 되는데, 이러한 거품을 없애고 대신 유기농 제품을 저렴하게 공급하는 것이 특별한 점이다. 또 하나의 큰 특징은 트레이더

조의 이름을 붙인 자체 브랜드 제품이 대다수를 차지한다는 점이다. 흔히 알려진 유명한 브랜드 제품은 거의 찾아보기 힘들고, 가족끼리 운영하는 품질 좋은 농장의 제품을 직영으로 공급받아 자체 브랜드를 붙여 판매한다. 이렇게 기존의 유통 구조를 탈피해 유기농 마켓의 혁명을 일으킨 트레이더 조는 미국 중산층의 소비 성향을 가장 잘 알 수 있는 확실한 곳이라고 평가 받고 있다.

깨끗하게 정돈된 넓은 매장 안에는 평일 낮에도 장을 보러 온 사람들이 눈에 띄지만 그래도 우리나라 마트보다는 훨씬 한가하다. 주로 냉동식품이나 식재료 같은, 조리가 필요한 식품들을 많이 팔고 있다. 품질 대비 저렴한 가격으로 큰 사랑을 받는 트레이더 조에는 과연 명성대로 여기서만 살 수 있는 자체 브랜드 상품들이 대부분이고, 원산지나 성분 표기를 봐도 꽤 믿을 만한 제품이 많았다. 그런데 가격표를 보면 미소가 저절로 나온다. 바나나는 1파운드에 무려 17센트! 한화로 단돈 200원이라니 놀라울 뿐이다. 오렌지 농축

액이 아닌 100% 오렌지 과즙 주스도 1.99달러, 엑스트라 버진 올리브 오일이 6달러 정도로, 품질에 비해 누가 봐도 저렴한 가격임을 알 수 있다.

트레이더 조 단골들의 추천 아이템으로는 견과류를 빼놓을 수 없는데, 일반 마트의 절반 가격으로 견과류를 종류별로 살 수 있다. 여기에 유기농 밀가루와 오트밀 등을 사용한 트레이더 조 자체 브랜드 시리얼을 함께 구입하면 아침 식사가 한결 건강해진다. 몇 분 지나지 않아 여행자의 신분을 망각한 내 쇼핑 카트는 더 담을 수 없을 정도로 그득그득 채워져 버렸다.

워낙 와인으로 유명한 캘리포니아에 왔으니, 와인 섹션도 그냥 지나칠 순 없었다. 트레이더 조에서 취급하는 와인은 주로 캘리포니아에서 생산되는 와인으로 가격이 시중에 비해 너무나 저렴했다. 그렇지만 가격이 싸다고 해서 맛도 별로라고 생각한다면 큰 코 다치기 십상이다. 트레이더 조의 시그니처 화이트 와인의 경우 2.99달러 정도면 구입할 수 있는데, 파소 로블레스 지역 샌루이스 오비스포 카운티에 있는 도시의 유명 와이너리에서 생산되는 제품으로 직접 농장에 가서 사도 15달러가 넘는 양질의 와인이다. 이러니 처음엔 우아한 척 눈으로 살피다가 나중엔 치마 입은 것도 잊고 주저앉아서 메를로 Merlot 품종 칸에서 한참을 들여다보고 있는데, 갑자기 누군가 말을 걸었다.

"Do you like Merlot? 메를로 좋아해요?"

빨간 티셔츠를 입은 순한 인상의 미국인 남자가 역시 가득 채운 장바구니를 밀고 와서는 내 옆에 앉았다. 여기 자주 오는데 내 얼굴을 처음 보는 것 같다며, 자기는 이 근처에 살아서 자주 온단다. 와이너리를 운영하는 친구가 있어서 그의 와인이 발매됐으면 한 병 살까 해서 들렀단다. 자기 집에서는 종종 친구들과 이곳에서 와인을 구입해 파티를 한다고 하니 그저 부러울 따름이다. 그는 찰스 쇼 Charles Shaw 2008년 산을 자신의 장바구니에서 꺼내어 내게 주며 말했다.

"여기 오면 제일 많이 사는 메를로예요. 2달러밖에 안 하지만 맛은 20달러짜리보다 훨씬 낫죠. 한번 마셔봐요. 난 또 가져오면 되니까".

그제서야 통성명하며 자기소개를 했다. LA에서는 이렇게 낯선 사람과도 편하게 대화하는 것이 너무나도 자연스러운 일이건만, 어느 순간 나도 모르게 "저는 여행객이라 내일이면 여길 떠나요. 아쉽네요"라며 내심 파티에 초대하려는 그의 눈빛에 한 발짝 물러서고야 말았다. 어쩌면 캘리포니아에 사는 멋진 친구가 생길 수도 있었는데, 이놈의 못난 방어기제는 하필 이럴 때 참 잘도 작동한다. 하지만 그는 끝까지 예의 바르게 대화를 끝맺을 줄 아는 사람이었고, 나는 다시 편안하게 쇼퍼로 복귀할 수 있었다.

트레이더 조에서 잔뜩 사온 내 장바구니에는 어떤 아이템이 담겨 있을까? 이곳에서 사온 모든 것들을 써보고 먹어본 다음이니 공정하게 추천 아이템을 꼽아본다. 우선 현지인들도 강력 추천하는 트레이더 조의 엑스트라 버진 올리브 오일은 6달러도 안 되는 가격이 믿기지 않을 만큼 맛이 좋고 용량도 넉넉했다. 또한 다양한 굵기와 허브가 첨가된 파스타 생면도 하나같이 맛이 훌륭했다. 다음에 가면 에그 파르팔레넓적한 굵기의 파스타를 몇 개 더 사올 예정이다. 아무래도 허브가 가미된 면들은 소스 선택에 조금 제한이 있으니 맛보기 정도로 만족한다. 견과류도 종류별로 많이 사왔는데 양도 많고 질과 맛도 좋았다. 프룬말린 자두과 피스타치오는 가방이 무겁지만 않았다면 더 많이 사오고 싶었던 아이템이다.

커피 마니아라면 트레이더 조에 갖춰진 엄청난 종류의 커피 원두 셀렉션을 외면하기 어려울 것이다. 커피 코너에 가면 예쁜 자체 일러스트가 그려진 원통에 포장된 다양한 산지의 원두가 수십 가지 진열되어 있는데, 나는 맛보기로 가장 저렴한 하우스 블렌드를 사왔다. 한국과는 비교할 수 없는 저렴한 가격도 매력적이지만 코스트코 같은 대형마트에서 구입한 오래된 원두보다 훨씬 신선하고 맛도 부드러웠다. 그리고 별 기대 없이 샀는데 만족스러웠던 아이템은 치약과 화장품이다. 자체 브랜드 치약은 허브가 함유되어 개운한 뒷맛이 좋았고, 얼굴에 바르는 가벼운 질감의 데일리 로션에는 SPF15의 자외선 차단 성분이 함유되어 있었다. 올레이 제품과 패키지와 성능은 비슷하면서 가격은 훨씬 저렴해 대만족이었다.

참고로 트레이더 조에서 파는 99센트짜리 쇼핑백도 기념품

으로 많이들 사가는데, 일본에서는 이 쇼핑백마저 몇 배의 가격으로
도 팔려나간다고 하니 이곳의 인기를 실감할 수 있다. 미국에 갈 일
이 있다면 가까운 트레이더 조의 매장 위치를 알아두자. 실용적이고
건강한 쇼핑 아이템으로 여행 가방을 채우는 데 가장 큰 공을 세우
는 곳이리라 확신한다.

비싼 식재료를 저렴하게 살 수 있는
뉴질랜드의 파켄세이브

현지인들이 주로 들르는 각국 도시의 대형마트는 나의 여행
에서 빼놓을 수 없는 필수 코스다. 그들이 무엇을 먹고 마시는지 가
장 잘 알 수 있는 곳이기 때문이다. 뉴질랜드의 관광도시 크라이스
트처치는 기념품 상점 외에는 마땅히 저렴한 쇼핑을 할 수 있는 곳
이 마트 외에는 없다. 다행히 뉴질랜드의 가장 큰 마트 체인인 파켄
세이브Pak'n Save는 무료 셔틀버스를 타면 쉽게 갈 수 있어서 여행 중
두 번이나 들러 찬찬히 구경할 수 있었다.

시간이 멈춰 있는 것만 같던 관광지를 지나 이곳 마트에 오
니, 다시 현실 세계로 돌아온 느낌에 괜스레 들떴다. 하지만 시원시
원, 널찍널찍한 매장에서는 어쩐지 한국 같은 팍팍함보다는 여유로
움이 느껴진다. 그들의 큰 체구만큼이나 마트 규모도 참으로 크고 넓

 절대 놓치지 말아야 할 여행 스팟은 따로 있다

다. 내가 좋아하는 것들로 가득한 마트는 어느 나라를 가도 언제 가도 즐겁고 유쾌하다.

우리나라에 있는 미국 마트 코스트코처럼 파켄세이브도 창고형 매장이다. 파켄세이브라는 이름처럼 묶어서 대량으로 팔기 때문에 더 저렴한 가격으로 구입할 수 있다. 실내도 엄청 넓고 동선도 딱딱 구분되어 있어 카트를 끌고 돌아다니기가 매우 편리하다. 서울보다 사람이 훨씬 적기 때문에 무엇보다 사람에 치일 일이 없다.

제일 먼저 눈에 들어온 건 맛깔나는 빵들의 향연! 크라이스트처치 첫날 파켄세이브에 가지 않았더라면, 조식도 포함 안 된 호텔에서 아침 쫄쫄 굶으면서 툴툴거리고 있었을 것이다. 파켄세이브에는 현지인들도 많이 애용하는 베이커리 판매대가 있다. 뉴질랜드 아주머니들의 엉덩이보다도 더 큰 이곳 빵들은 그날그날 다 팔릴 정도로 인기다. 원래 가격도 매우 싼 편이지만 저녁때 가면 땡처리로 더욱 저렴하게 판매하기 때문에 7시 이후로 가면 더 좋다.

현지 사람들이 어떤 빵을 주로 먹는지 궁금하다면, 가장 쉬운 방법은 대형마트의 베이커리 코너를 가보는 것이다. 엄청난 빵 크기도 크기지만, 가격도 하나에 2~3뉴질랜드 달러. 한 끼 식사치고는 정말 싸다. 종류도 너무 많아 뭘 골라야 할지 한참을 망설였다. 다행히 빵의 이름에는 재료나 종류가 잘 표기되어 있어 기호대로 고를 수 있었다. 먹고 싶은 빵을 봉투에 담아서 나중에 계산대에 가면 알아서 계산해준다.

치즈를 사랑한다면 뉴질랜드는 그야말로 파라다이스다. 한국에서는 비싸서 꿈도 꿀 수 없었던 치즈들도 여기서는 별 볼 일 없는 가격에 팔리고 있다. 그만큼 치즈를 많이 생산하고 소비하기 때문일 것이다. 하지만 관광객인 내겐 보관 문제상 딱딱한 류의 치즈 외에는 선택의 여지가 없었으므로 에담 치즈 1개로 만족해야 했다. 하지만 다양한 사이즈의 그릇에 담아 무게를 재서 파는 샐러드바는 여행자에게는 필수 추천 아이템이다. 에그앤커리 샐러드와 홀그레인 머스터드로 버무린 감자 샐러드를 먹어봤는데 둘 다 너무 맛있었다. 특히 뉴질랜드 감자가 맛있고 저렴하니 감자가 든 샐러드를 고르면 실패율이 낮다.

뉴질랜드에 오면 꼭 라떼나 우유가 든 음료를 마셔보라고 할 만큼 유제품이 유명한 곳이니 요구르트나 우유도 머무는 동안 실컷 사 마셨다. 대용량만 팔기 때문에 보관이 어려운 점이 흠이다. 또 뉴질랜드 하면 역시 키위를 빼놓을 수 없다. 산더미처럼 쌓여 있는 키위들은 종류도 가지각색이다. 잘 익은 골드키위 10개들이 한 상자를 사서 여행 내내 비타민 보충도 하고 맛있게 먹었다.

그외에 현지인들의 전통적인 디저트 파블로바Pavlova를 빼놓을 수 없다. 흡사 한국의 뻥튀기를 여러 장 붙여 놓은 듯한 험한 몰골을 하고 있는 이 디저트는 계란 흰자로 만든 과자의 일종으로 과일 등을 위에 얹어 함께 내놓는 음식이다. 기념으로 몇 봉지 사가는 것도 좋겠다.

 절대 놓치지 말아야 할 여행 스팟은 따로 있다

● ● 세계적으로 유명한 네덜란드의 골드키위.

뉴질랜드나 호주에서 여행의 마지막 날 대형마트에 들렀다면 다음의 아이템은 꼭 장바구니에 넣어야 한다. 먼저 호주와 뉴질랜드 와인은 세계적으로도 유명하다. 특히 쇼비뇽 블랑 같은 화이트 와인이나 피노 누아는 이곳에서 한국보다 훨씬 저렴하게 살 수 있고, 와인 셀렉션이 꽤나 방대해서 원하는 와인을 손쉽게 고를 수 있다. 뉴질랜드 여행 때 와인 구매를 미루고 마지막에 공항에서 쇼핑하려고 패스했는데, 알고 보니 한국으로 입국할 때는 대부분 거치게 되는 일본 나리타 환승 시에 100ml 이상의 액체 반입이 절대 안 된다. 면세점에서 구입한 것도 예외가 없다. 고로 맛 좋은 뉴질랜드 와인을 사고 싶다면 무조건 발견했을 때 사서 짐가방에 잘 포장해 붙이는 방법밖에 없음을 명심할 것.

다음 아이템은 외국 나올 때마다 짜증도 나고 한편으로는 부럽기도 한 치즈, 버터 등의 유제품이다. 이들에게는 김치만큼이나 필수 식품이지만 우리에겐 단지 옵션이기 때문인지, 한국에서는 터무니없이 비싼 가격에 팔리는 대표적인 식재료다. 하지만 세계적인 낙농업 국가 뉴질랜드의 마트는 그야말로 유제품의 천국이다. 치즈 가격이 골라잡아 7~8뉴질랜드 달러. 우리 돈으로 5~6천 원만 주면 500g짜리 묵직한 에담 치즈 한 덩어리를 통째로 살 수 있다. 국내에서 가장 저렴하다는 한국 코스트코 판매 가격의 딱 반값이다. 사실 치즈는 냉장 보관 식품이라 여행 시에 선뜻 구매하기 쉽지 않지만, 에담 치즈나 파르마산 치즈와 같은 딱딱한 타입의 치즈는 상온에서도 3일 정도는 끄떡없다. 호텔에 있을 때는 미니바에 밤새 넣어두었다가 짐을 쌀 때 잊지 않고 잘 포장해 넣으면 된다. 가벼운 지퍼백을 여러 장 챙겨 가는 것도 요령이다.

또한 뉴질랜드는 영국인들이 만든 나라여서 그런지 홍차 문화가 잘 발달되어 있다. 여기도 트와이닝스를 비롯한 다양한 제품들이 갖춰져 있는데, 특히 뉴질랜드 로컬 브랜드인 헬스리스Healtheries는 저렴하고 맛있다. 바닐라가 가향된 홍차로 두 종류를 구입했다.

이 밖에도 나의 장바구니에서 빼놓을 수 없는 좋은 아이템은 선물용으로 구입한 키위 초콜릿과 호주 과자 팀탐 5종이다. 이 초콜릿 과자들은 귀국 후에 지인들 선물로 유용하게 쓰였다. 베이킹에 쓰이는 바닐라 에센스와 포피시드도 한국에서는 좋은 걸 구하기가 어렵고 가격도 매우 비싸기 때문에 정말 잘 건졌다고 생각하는 아이템이다.

천연 뷰티 아이템을 만나는 모로코의 재래시장

마라케시 여행을 끝내고 귀국편 비행기를 타기 위해 잠시 머물렀던 카사블랑카에서는 할 일이 거의 없었다. 유명한 이름값을 못하는 비非 관광도시답게 볼거리도 많지 않고 가까운 유럽을 흉내내려

는 어설픈 현대식 건물만 즐비했다. '카사블랑카'라는 이름에서 풍겨

나오는 환상 따위는 버리고 가는 게 정신건강에 좋다 나 역시 '카사블랑카'라

는 멋진 이름에 낚여 겁도 없이 모로코 행 항공권을 끊었던 1인임을 밝혀둔다.

　　하지만 카사블랑카는 휴식과 여유를 선사했다. 구멍가게에

서도 바가지를 쓸 수밖에 없는 대표적인 관광도시 마라케시와는 달

리, 이곳은 대도시답게 커다란 마트도 있고 유명 패션 브랜드 매장

과 쇼핑몰도 있다. 카사블랑카에 머무는 내내 나는 그저 쇼핑만 했

지만, 어디서 뭘 사든 대부분 만족스럽고 재미있었다. 마트에서 와인

과 먹거리를 사는 것도, 재래시장에서 모로코 특산품을 사는 것도,

자라나 망고 같은 옷가게를 구경하는 것도 다 새롭고 이국적인 경험

이었다. 모로코에서 구입했던 여러 가지 아이템 중에서 주로 마트에

서 샀던 먹거리들과 시장에서 산 특산품 몇 가지를 공개해 본다.

　　모로코 여인들의 피부는 한결같이 탱탱하고 윤기가 돈다. 그

녀들의 동안 비결은 고대로부터 전해 내려오는 아르간 오일 덕분

이라고 알려져 있다. 여행가기 전부터 아르간 오일의 유명세는 익

히 들었기에, 모로코에 가면 꼭 사올 아이템 1순위였다. 마침 카사

블랑카의 재래시장에서 아르간 오일과 오일로 만든 비누들을 발견

하고 곧바로 구입했다. 특히 비누는 예쁘게 포장되어 있어 선물용으

로도 참 좋고 가격도 저렴하다. 요즘 여러 화장품 브랜드가 이 오일

을 함유한 제품을 출시했다며 대대적으로 선전하는 걸 봤는데, 과연

100% 아르간 오일을 바르는 것만큼 효과가 있을까? 아르간 오일은

● ● 모로코의 특산물 아르간 비누와 헤나 가루.

피부에 그대로 발라도 기름 특유의 느낌이 거의 없이 금세 스며들어 피부를 유연하고 촉촉하게 해주었다. 작은 병에 들어 있어 휴대하기도 좋고, 특별한 향이 없기 때문에 다른 로션이나 크림과 섞어서 발라도 좋다.

아르간 오일만큼이나 대박 아이템은 작은 봉투에 넣어서 파는 초록빛 가루, 바로 헤나Henna다. 국내에서는 여전히 고가에 판매되는 헤나가 거기서는 단돈 1천 원밖에 안 한다. 헤나는 더운 물에 개어 머리에 바르고 씻어내면 두발을 튼튼하게 해주는 강력한 천연 트리트먼트 기능을 가지고 있다고 잘 알려져 있다. 헤나를 극소량 넣은 샴푸도 한국에서는 꽤 비싸게 팔린다는 사실을 떠올리며 나는 헤나를 단숨에 장바구니에 집어넣었다. 이렇게 소소한 천연 뷰티 아이템을 사는 재미는 모로코에서 절대 놓칠 수 없다.

모로코인이 물보다 더 많이 마시는 바로 그 차, 민트 차는 모로코 여행에서 빠뜨릴 수 없는 좋은 기념품이다. 카사블랑카의 대형 마트에 가보니 역시나 민트 차를 종류별로 다양하게 팔고 있었다. 선물용으로는 티백으로 된 제품이 좋을 듯해서 구입하고, 집에서 끓여 먹어보려고 잎으로 된 차도 구입했다. 마라케시에서 식사와 함께 나온 민트 차에는 생잎이 그대로 들어 있어서 무척 신기해하며 마셨던 기억이 난다. 이들에게는 중요한 생필품인 만큼 가격도 저렴해서 티백 한 박스가 한화 2천 원을 넘지 않는다. 모로코에서 무얼 살지 모르겠다면, 슈퍼에 가서 민트 차를 찾아보자. 무게도 가볍고, 한국인에게도 부담 없고 몸에 좋은 허브 티니까.

온갖 색색의 병 앞에서 멈춰 섰다. 무거웠다. 하지만 안 살 수가 없었다. 마트에서 내 눈길을 사로잡은 모로코의 수많은 천연 꿀과 과일잼들을 다 쓸어담아 오고 싶었지만 여행자의 비애를 곱씹으며 한 병씩만 데려왔다. 그리 알려지진 않았지만 모로코의 꿀은 유명하다. 특히 국내에서는 구하기 힘든 100% 천연 라벤더 꿀은 모로코에서 생산된 로컬 제품으로, 멋스럽게 포장되어 있어 선물용으로도 좋다. 이 꿀은 한국에 와서 개봉해 맛을 보았는데, 마치 토종꿀처럼 진득하고 향기 또한 일품이라 사오길 잘했다는 생각이 들었다. 그리고 무화과 잼은 색다른 잼을 먹어보고 싶어서 하나 구입했다. 이건 꼭 모로코에서만 파는 건 아닌 수입^{인도} 제품이지만 가격이 비싸지 않아 짐 무게에 여유가 있다면 하나쯤 사볼 만하다.

모로코는 로컬에서 소비되는 상당량의 커피를 자체 생산한다. 민트 차만큼이나 커피를 즐겨 마시는 모양이다. 마트에 가보니 1kg씩 포장된 홀빈 원두를 여러 종류 팔고 있는데다, 가격도 매우 저렴하다. 물론 로스팅된 원두를 이렇게 대량 시판하면 맛은 안 봐도 뻔하지만, 그래도 싼 가격에 반해 무리해서 두 팩이나 구입했다. 금색 포장된 아라비카 원두가 조금 더 비싸고 투명하게 포장된 원두가 가장 저렴하다. 한국에 돌아와서 이 커피를 마셔보니, 투명 포장 원두가 확실히 맛은 떨어졌다. 특히 이 원두는 로스팅 상태도 들쭉날쭉해서 제대로 된 바디감을 낼 리가 만무했다. 쓴맛과 신맛이 두드러져서 커피 맛에 민감한 식구들이 싫어했던 기억이 난다. 하지만 원두를 나처럼 엄청 소비하는 사람이라면 한 봉지쯤 사오면 후회는 없다. 물론 아라비카 원두라고 쓰인 제품을 추천한다. 그리고 아로마 밸브가 달려 있는 원두 전용 봉투에 포장된 제품을 고르는 것이 좋다.

모로코에서 틈틈이 사온 물건은 단지 먹거리만이 아니다. 카사블랑카에서 한참을 흥정해서 건진, 너무나 예쁜 모로코 전통 스타일 전등 커버, 옷 몇 벌과 와인도 있다. 이렇게 아기자기한 재미가 있는 모로코지만 결코 여행 자체는 쉽지 않으니 이곳으로 떠날 생각을 하고 있다면 준비를 철저히 해야 한다.

Chapter 08

시크한 스타일의
아트 & 빈티지 숍

홍콩의 예술과 라이프스타일을 담은
홈리스 & G.O.D

국제화된 도시 홍콩의 단면을 세련되게 보여주는 거리가 있
다. 침사추이 뒷골목을 지나 '할리우드 로드'라는 간판을 시작으로
걷다 보면 좁은 길가를 따라 골동품 갤러리, 모던한 카페와 바, 디자
인 상점이 빼곡하게 들어서 있다. 바로 맞은편에는 붉은 등을 내건
도교사원이 있어 동서양의 분위기가 오묘하게 혼합된 골목이다. 현
지인보다 푸른 눈의 외국인이 더 많이 보이는 할리우드 로드에서 재

기발랄한 디자인 잡화를 파는 멋진 가게에 들러봤다.

홍콩의 할리우드 로드는 실제로 걸어보면 미국 할리우드보다는 유럽의 어느 중소 도시와 비슷한 분위기를 풍긴다. 좁디좁은 골목에 늘어선 유러피언 풍의 바와 카페도 그렇고, 오래된 골동품이 디스플레이된 갤러리도 그렇다. 특히 네덜란드 헤이그의 갤러리 거리와 느낌이 꽤나 비슷하다. 어쨌든 발 디딜 틈 없이 인파로 가득한 침사추이 대로변에 있다가 할리우드 로드로 들어서면 금세 딴 세상에 와 있는 것처럼 한가하고 여유롭다. 도시 여행의 쉼표를 찍을 수 있는 느긋한 맛집과 멋집으로 가득한 이 골목, 오자마자 완전 반해버렸다.

특히 할리우드 로드를 따라 걷다 보면 오른편 계단 길에 알록달록한 그림들이 총총히 놓여진 '고흐 스트리트'가 맞물려 있다. 고흐 스트리트는 이름에서 풍겨 나오듯 아트 상점과 세련된 카페, 현지인들도 일부러 찾아오는 노천 맛집이 옹기종기 모여 있는 알짜배기 스팟이다. 홍콩의 대형 쇼핑몰을 헤매는 일정이 좀 지겹고 허무해진다면, 이곳은 정말 좋은 대안이 된다. 일본 카페 거리처럼 아기자기한 맛도 있고, 작고 예쁜 디자인 아이템들을 사며 눈요기하는 재미도 충분히 누릴 수 있기 때문이다. 마침 할리우드와 고흐 스트리트가 만나는 지점에 그런 가게가 하나 있어 들어가 보았다. 독특한 네온사인 간판과 배관 파이프 같은 소재를 꼬아 만든 외관이 멋스러운 홈리스Homeless는 할리우드 로드 중간에 있어 찾기 쉽다.

  절대 놓치지 말아야 할 여행 스팟은 따로 있다

홈리스는 범상치 않은 외관만큼이나 독특한 디자인의 소품을 망라해놓은 라이프스타일 숍이다. 여러 나라를 다니면서 디자인 숍을 많이 가봤는데, 홈리스는 미국과 유럽에 뒤지지 않는 높은 셀렉트 수준을 지니고 있었다. 전 세계에서 물 건너온 수입 디자인 소품과 아이디어 제품은 물론이고 홍콩 로컬 아티스트들의 핸드메이드 소품도 따로 모아서 전시하고 있어 특별한 여행 선물을 고르기에도 참 좋았다.

홈리스는 할리우드 로드에 2개의 매장을 운영하고 있는데, 그 중 홍콩의 일러스트레이터 캐리 차우의 제품을 판매하는 윙잉 컬렉션 숍2호점에서 엽서를 몇 장 사왔다. 캐리 차우는 홍콩을 대표하는 아티스트로 국내에도 많이 알려져 있으며 일본의 요시토모 나라와도 자주 비교되곤 한다. 개인적으로는 요시토모의 그림보다 화사하고 경쾌한 그림이 많아서 너무 좋았다. 그림이 새겨진 가방이나 지갑은 200~300홍콩 달러부터 시작하며 세일 제품들도 있다. 엽서 세트는 그녀의 작품을 매년 컬렉션 단위로 묶어서 판매하는데, 여러 세트를 좀 많이 사올 걸 후회될 정도로 그림들이 다 예뻤다. 두 장은 미술을 공부하는 동생에게, 그리고 한 장은 독일에 가 있는 친구에게 현지 우체국에서 보냈다.

언젠가부터 해외 도시를 여행하면서 당연히 거치는 코스에 로컬 디자인 숍이 빠지지 않는다. 홍콩 여행서를 넘겨보면서 1순위로 체크해둔 스팟은 홍콩판 고급 이케아로 불리는 G.O.D다. 할리우

드 로드의 디자인 숍에 이어 G.O.D를 거치고 나니 홍콩 예술계의 일면을 조금이나마 엿볼 수 있어서 뿌듯하고 알찬 시간이었다. 내 지갑이 가장 통 크게 열린 곳이 대형 쇼핑몰이 아닌 이들 디자인 숍이니, 아무래도 홍콩의 디자인이 날 매료시킨 건 분명하다. 홍콩 여행을 막연히 꿈꾸던 몇 년 전부터 알고 있었을 만큼 워낙 유명한 숍이어서, 마침 코즈웨이 베이에 있는 매장을 발견하고 휘릭 둘러봤다. 1층에는 작은 아트북 매장이 있고 2층부터 본격적인 인테리어 매장이 펼쳐진다. 왜 이케아와 비교하나 했더니, 이케아의 쇼룸처럼 실제 상품으로 구성한 여러 분위기의 방을 마치 갤러리처럼 배치해놓았다. 홍콩의 좁은 땅 때문에 이케아처럼 널찍하지 못하고 엄청 좁은 통로로 되어 있지만, G.O.D만의 독특한 로컬풍 인테리어를 구경하

 절대 놓치지 말아야 할 여행 스팟은 따로 있다

는 데는 큰 무리가 없다.

디자인 숍 G.O.D에서는 동양적인 이미지의 다양한 액자와 벽장식을 판매하고 있다. 한 쇼룸에 걸려 있는 마오쩌둥 이미지의 벽장식도 독특하고, 문에 드리우는 천에도 중국의 근대 사회를 상징하는 일러스트와 컬러가 담겨 있다. 이렇듯 G.O.D의 가장 두드러지는 특징은 인테리어 소품뿐 아니라 엽서나 카드 한 장에도 홍콩 고유의 이미지를 담기 위해 노력한 흔적이었다. 그들은 '가장 홍콩스러운 것이 가장 세계적인 것'임을 아주 잘 알고 있었다. 50~60년대의 아련한 복고풍 사진부터 독특한 일러스트까지, 대부분의 제품이 홍콩의 도시 문화를 다양하게 변주하고 이미지화해 담아냈다. 가격대는 이케아처럼 저가는 아니고 조금 비싼 편이지만, 독특한 여행 선물을 고르기에 이곳보다 더 좋은 선택이 있을까 싶다.

디자인과 사랑에 빠진
싱가포르의 초콜릿 리서치 퍼실리티

대부분의 도시가 그렇듯 싱가포르에서도 슈퍼마켓이나 편의점에서 전 세계의 다양한 수입산 초콜릿을 쉽게 살 수 있고, 머라이언의 모양을 본뜬 초콜릿 세트를 여행 선물로 사가는 경우가 많다. 그런데 '메이드 인 싱가포르Made in Singapore'를 표방하는 독특한 디자인 초콜릿 부티크 숍이 있다는 소문을 듣고 여행 마지막 날 호기심을 안고 찾아가봤다. 무려 100종류가 넘는 패키지 디자인과 맛을 자랑하는 초콜릿이 진열되어 있는 초콜릿 리서치 퍼실리티_{Chocolate Research Facility}는 초콜릿 전문점이라기보다는 디자인 문구점을 연상케 했다. 심플한 화이트 인테리어의 매장 안에는 오직 선명한 형형색색의 직사각형 초콜릿 상자들이 벽돌처럼 차곡차곡 쌓여 있었다.

지난 2008년 이 초콜릿 상점을 오픈한 창업자 크리스 리는 싱가포르에서 주목받는 디자인 디렉터로, 디자인 셀렉트 숍을 운영하면서 크고 작은 전시회를 개최하는 등 활발하게 활동해왔다. 개인적으로 큰 관심을 갖고 있던 초콜릿에 자신의 장점인 디자인을 접목시켜보면 어떨까 하는 아이디어에서 이 숍을 구상하게 되었다고. 그는 파리와 도쿄 등 세계 선진 도시의 초콜릿을 맛보고 돌아온 뒤 자신만의 초콜릿 상점을 내기로 결심했다고 한다.

1호 매장은 마리나 지구의 복합 상업 시설 밀레니아 워크에서 출발했고 지금은 래플즈 시티 등 총 3곳에 매장이 있다. 초콜릿 리서치 퍼실리티의 가장 큰 특징은 마치 패션쇼처럼 1년에 두 번 독창적인 배합으로 어디서도 보기 어려운 새로운 초콜릿 컬렉션이 발표된다는 것이다. 이곳에서 선보이는 총 100여 종류의 초콜릿은 총 10개의 카테고리로 나뉘어져 있는데, '열매' '알코올_술' '과일' 클래식' 등의 스탠더드 시리즈에 계절마다 발표되는 시즌 컬렉션이 추가되어 이국적인 맛의 초콜릿이 늘어나고 있다. 특히 싱가포르라는 남국의 분위기를 고스란히 담아낸 초콜릿들이 너무나 매력적이다. 망고와 패션 후르츠가 들어 있는 열대 과일맛, 후추맛과 참깨·계피맛 등 매운 스파이스 향의 라인업은 놓칠 수 없는 아이템이다. 심플하게 향과 맛을 형상화한 디자인의 패키지도 눈길을 끈다. 초콜릿의 가격은 1개에 8~12싱가포르 달러 정도.

　　매장에 들어서자 친절한 직원이 초콜릿에 대해 자세히 설명해주고 있었다. 각 초콜릿 앞에는 시식용 초콜릿이 넉넉히 마련되어 있어 하나씩 먹어봤는데 너무나 이국적이고 독특한 맛에 놀랐다. 다른 곳에서 먹어본 것들은 초콜릿에 들어 있는 향이 단맛에 많이 가려져서 크게 두드러지지 않는데, 이곳의 초콜릿은 패키지에 써 있는 향 그대로의 맛이 분명하게 나면서 초콜릿과도 잘 어우러져 새로운 경험을 선사했다. 종류가 너무 많아서 한참을 고르고 고르다가 결국 2010년 시티 컬렉션으로 나온 '싱가포르' 초콜릿이 가장 이번 여행을 재미있게 기념해줄 것 같아서 흔쾌히 선택했다. 연두색 패키지의 초콜릿에는 '싱가포르' 하면 가장 먼저 떠오르는 열대 과일 '두리안'의 강렬한 향을 담은 페이스트가 들어 있었다. 맛은 두말하면 잔소리다. 가격이 좀 비싼 게 유일한 흠이다. 소중한 이에게 감각적이고 참신한 싱가포르 여행 선물을 하고 싶을 때, 또 이곳을 찾게 될 것 같다. 공식 웹사이트도 이곳의 초콜릿만큼이나 감각적이다. www.chocolateresearchfacility.com

도심 속 비밀 공간
오사카의 스탠다드 북스토어

먹거리, 놀거리 충만한 오사카의 금쪽같은 3박 4일 중 무려 반나절을 서점에서 보냈다면 믿을 수 있을까? 사람마다 여행의 목적이 모두 다르겠지만, 새로운 아이디어와 영감이 절실하거나 디자인에 관심이 많은 사람이라면 충분히 여행 일정을 양보할 가치가 있는 서점이 있다. 신사이바시의 요란한 대로변에서 살짝 뒷골목으로 발길을 옮기면 한적한 건물에 자리잡은 작은 서점, 스탠다드 북스토어가 그곳이다.

스탠다드 북스토어는 잡지와 디자인 관련 서적, 디자인 문구에 특화된 전문 상점이다. 1층에서는 주로 일본에서 발매된 갖가지 월간지와 예술 관련 서적을 판매하고 있다. 특이한 것은 잡지 과월호를 상당히 많이 비치해놓고 판다는 점인데, 한 번 보고 버리는 잡지의 개념이 아니라 아카이브의 가치를 가진 일본 잡지의 저력을 느낄 수 있었다. 한편 지하 1층에는 자카^{핸드메이드} 관련 방대한 종류의 일본·수입 서적을 배치하고 있다. 한국뿐 아니라 일본의 다른 서점에서도 쉽게 구하기 힘든 책들이 많으니 자카에 관심 있는 사람이라면 꼭 지하 1층의 셀렉션을 구경하길 추천한다. 그곳엔 수입 디자인 문구류도 함께 취급한다. 몰스킨 같은 수입품부터 필기구, 노트 등 재미있는 물건들이 많아 아이쇼핑하는 재미도 쏠쏠하다. 물론 가격

● ● 오사카의 디자인 관련 전문 서점 스탠다드 북스토어.

대는 환율을 고려하면 좀 비싼 편이니 수입품보다는 일본 제품을 눈여겨보길 권한다.

그런데 지하 매장 한쪽에서 솔솔 나는 커피 향기에 나도 모르게 발길이 향한다. 스탠다드 북스토어에서 가장 인기 있는 장소가 바로 이 카페다. 중앙에 있는 커다란 테이블과 가장자리의 2인용 테이블, 그리고 한쪽 벽을 따라 자리잡은 1인용 테이블까지 취향에 맞게 자리를 선택할 수 있다. 시끌벅적한 분위기 속에서도 자못 진지하게 독서 중인 많은 사람의 표정이 편안하고 여유로워 보였다. 이상하게도 뭔가 정리되지 않은 듯한 구조인데도 의자에 앉으면 묘하게 책에 집중하게 된다. 책을 사랑하는 사람들만이 이곳을 알고 즐길 수 있다는, 암묵적인 동질감이 느껴졌다.

커피와 스콘을 주문했다. 아메리카노는 신선했고 갓 빚어낸 듯한 수제 스콘은 바삭했다. 큰 유리볼에 담긴 스콘 중 바구니에 원하는 걸 담아서 카운터에 주면 잼, 크림과 함께 따뜻하게 구워 내준다. 호두 스콘이 너무 맛있었는데, 캐러멜라이즈한 호두를 넣어 달콤하면서도 고소한 맛이 일품이었다. 여행 3일째 되는 날이어서 무척 피곤했는데 커피랑 스콘 앞에서는 모든 피로가 스르르 날아가 버렸다. 이제야 여행의 긴장감을 어깨에서 내려놓을 수 있게 됐는데, 내일이면 또 서울로 떠나야 하는구나 싶은 생각에 잠시 울적해지기도 했지만.

추위와 배고픔이 좀 가시고 나니 오늘 산 것들이 눈에 들어왔다. 커다란 테이블에서 커피를 마시며 하나하나 들춰봤다. 시집 《샐러드 기념일》의 작가 다와라 마치의 《초콜릿 혁명》이라는 페이퍼백을 샀는데 파란 로고가 새겨진 포장지로 겉표지를 싸서 주었다.

서점에서 우연히 발견한 〈스푼SPOON〉이라는 잡지는 소박하고 전원적인 컬러감이 좋아서 함께 구입했다. 표지에서부터 저절로 떠올려지는 '내추럴' '핸드메이드'란 키워드가 일본식으로 독특하게 녹아 있는 잡지다. 〈스푼〉은 매월 독특한 소녀 감성의 패션 화보를 연재한다. 메인 모델은 이상한 나라의 앨리스를 떠올리게 하는 외국 모델부터 유명 여배우인 아오이 유우까지 다양한데, 소위 '모리갸르

'로 통칭하는 캐릭터를 기본으로 한 자연주의 패션을 제안하는 것이 큰 특징이다. 또한 일본 및 해외여행 콘텐츠가 가끔 소개되는데, 깜짝 놀랄 만큼 크리에이티브한 접근을 보여주어 여행 계획을 짤 때 큰 참고가 된다. 뭔가 많이 사고 싶었지만 결국 구입한 건 달랑 두 권, 그래도 마음만은 부자가 된 느낌이었다. 그렇게 오사카에서의 오후 한때가 책방 지하의 카페에서 기분 좋게 흘러가버렸다. www.standardbookstore.com

아시아의 예술을 만나다, 홍콩과 싱가포르의 아트 서점

홍콩의 복합문화공간 큐브릭은 멋진 브런치와 아트북 쇼핑을 한 곳에서 해결할 수 있는 서점이자 카페다. 홍콩 여행 둘째 날, 지난 4일간의 도보 여행 강행군에 지쳐 있었던지라 편안히 쉬면서 식사할 만한 곳을 물색하다가 문득 북카페 큐브릭이 떠올랐다. 마침 오전에 홍콩 탐방을 마치고 가까운 야우마떼이로 이동해 열심히 헤매다가 결국 찾아냈다.

독립영화관인 시네마떼끄와 한 건물에 위치해 있으니 영화관만 찾으면 된다. 큐브릭은 홍콩의 한 유명 영화감독이 "왜 홍콩에는 영화와 책을 한 곳에서 즐길 만한 전문 문화 공간이 없을까?"라는 의문이 생겨 직접 만들었다고 한다. 그래서인지 책장 가득한 로컬 디자인 서적들 한 켠에는 DVD도 많이 꽂혀 있고, 영화관이 바로 옆에 붙어 있어 언제든 영화를 보러 갈 수 있다. 게다가 이곳은 꽤나 괜찮은 카페를 운영하는 것으로 유명하다. 토마토소스 파스타가 어김없이 먹고 싶어지는 여행 후반이라 갈릭 쉬림프 파스타와 커피를 주문했는데, 세트 가격이어서 할인까지 해준다. 일반 식당에 비해 저렴한 가격이다. 커피는 역시 신선한 원두를 썼고, 방금 만들어내온 따끈따끈한 파스타는 어느새 게 눈 감추듯 사라져버렸다. 적당히 삶아진 링귀니 면발의 쫄깃한 맛이 일품이다.

아픈 다리도 쉬었고 배도 채우니, 슬슬 책들이 눈에 들어온다. 마침 큐브릭에서는 로컬 아티스트들의 기획 전시가 한창이다. 창가의 디스플레이 선반에는 아트북들을 펼쳐서 진열해놓았고, 맞은 편에는 전시된 수제 아트북을 포장해 판매하고 있다. 가격대는 다양한 편이고 대부분 핸드메이드 제품이라 수량이 넉넉하지 않아 보였다. 디스플레이된 책들을 찬찬히 구경하다가 마음에 드는 작품을 3권 구입했다. 사실 이런 숍에 자주 와도 막상 제품을 구입해본 적은 별로 없는데, 왠지 현지 예술계에 일조하는 느낌도 들고 일러스트를 공부하는 동생에게 좋은 참고 자료가 될 것 같아서 뿌듯했다. 큐브릭에서는 아트맵ARTMAP이라는 무료 카달로그를 배포하고 있는데, 한 해 동안 열리는 홍콩의 예술 관련 행사와 전시 등을 빠짐없이 소개하고 있다. 아트 테마 여행을 하고픈 이들은 꼭 체크할 자료다.

홍콩에서는 해마다 국제적인 아트 페어가 열리고 있어, 다시 여행을
가게 된다면 좀 더 큰 행사에서 다양한 로컬 아티스트의 작품을 만
나고 싶다.

싱가포르의 차이나타운은 다른 나라의 차이나타운과는 사뭇
분위기가 다르다. 온전히 중국적인 정서를 간직한 붉은 빛깔의 점포
와 시장도 물론 많지만, 도심보다도 더 세련된 부티크가 밀집된 클
럽 스트리트가 골목 속에 숨어 있기 때문이다. 싱가포르의 세련된
거리를 대표하는 클럽 스트리트는 정부에서 지정한 저층 점포 주택
을 개조해 멋진 바와 카페, 부티크 숍으로 변신시킨 감각적인 거리로
알려져 있다. 이미 10년 전부터 유럽풍의 건물과 분위기 넘치는 노천
레스토랑으로 주목받는 클럽 스트리트이지만, 최근에는 수준 높은
아트북 전문 서점이 속속 생겨 여행자들의 발길을 재촉하고 있다.

이곳에 자리한 우드인더북스Woods In the Books는 그래픽 디자
이너인 주인장이 직접 셀렉트한 각국의 그림책을 파는 전문 서점이
다. 어린이가 보는 그림책뿐 아니라 어른도 즐길 수 있는 다양한 그림
책이 구비되어 있다는 것이 이곳의 특징이다. 크고 작은 그림책과 아
트북 사이로 주인장이 디자인한 수제 인형과 엽서, 일러스트레이션
도 전시되어 있다. 대부분의 그림책은 영문 원서이지만 로컬 아티스
트의 중국어 그림책과 해외 작가의 중국어 번역서가 함께 갖춰져 있
다. 앞으로는 현지 아티스트의 전시회가 열릴 예정이라니 기대된다.

주인장의 뛰어난 감각과 책에 대한 애정이 곳곳에 넘쳐나는 화이트 인테리어의 밝고 예쁜 매장에서 한동안 발길을 뗄 수가 없었다. 아쉬운 대로 몇 장의 일러스트 엽서를 사 들고 다음 서점으로 향했다.

지난 4년간 클럽 스트리트에 있다가 2011년 3월에 한적한 주택가 동네인 티온 바루Tiong Bahru로 이전한 북스액츄얼리Books Actually는 싱가포르를 대표하는 소형 아트북 서점이다. 가게 이전 소식을 모르고 클럽 스트리트 주변에서 한참을 헤매다가 얼마 전 가게를 옮겼다는 사실을 홈페이지에서 보고 알게 되었다. 북스액츄얼리는 단순히 서점이라기보다는 싱가포르의 지성인들이 모여들어 다양한 독서 토론과 모임이 이루어지는 문화적인 구심점 역할을 한다.

내가 갔던 날에는 미디어에서 나왔는지 주인장이 인터뷰하는 모습이 눈에 띄었다. 방해가 되지 않게 천천히 이것저것 구경하면서 매장 분위기를 살펴보기로 했다. 오래되고 낡은 책들과 구하기 어려운 디자인 서적들이 쌓여 있는 서점 판매대가 주류를 이뤘다. 모임 공간이 있는 카운터 뒤쪽으로 들어가면 주인이 취미로 모았다는 골동품 장난감과 각종 디자인 문구가 진열되어 있고 판매도 하고 있었다. 벽에 붙어 있는 빈티지 디자인의 세계지도가 너무나 사고 싶었지만 여행자 신분에 부피 차지하는 지도를 살 수 없어 눈물을 머금고 수제 엽서와 스티커 등을 사는 것으로 만족해야 했다. 현지 아티스트들의 재미난 아트북을 넘겨보는 것만으로도 풍부한 영감을 받을 수 있는 곳이다.

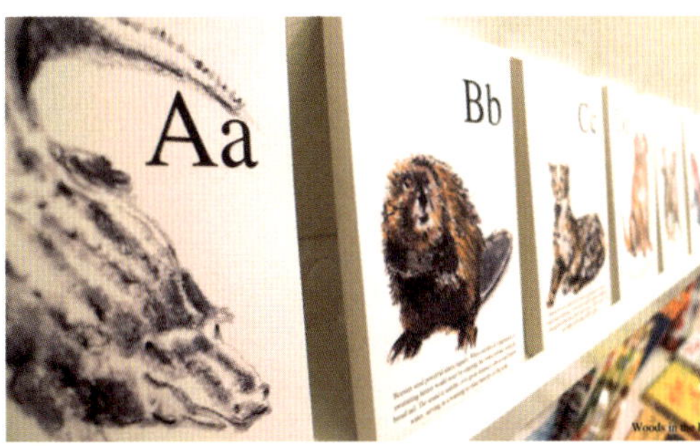

● ● 큐브릭에서 구입한 아트북과 우드인더북스에서 만난 예쁜 그림책.

북스액츄얼리가 위치한 티온 바루는 일반적인 관광지는 아니지만 조용한 주택가 거리를 걸으면서 일상적인 싱가포르의 풍경을 만날 수 있는 곳으로, 북스액츄얼리 맞은편에 있는 카페 '40 Hands' 에서는 싱가포르 바리스타 대회 우승자 출신 주인이 직접 만든 카페 라떼를 맛볼 수 있다. 북스액츄얼리에서 독특한 핸드메이드 엽서를 사서 40 Hands 카페에 들러 소중한 이에게 편지를 쓴 다음, 티온 바루 지하철역에서 멀지 않은 곳에 있는 우체국에서 엽서를 붙이는 반나절 산책 코스, 강력 추천한다.

■ 큐브릭: http://www.kubrick.com.hk
■ 우드인더북스: http://www.woodsinthebooks.sg
■ 북스액츄얼리: http://booksactually.com

보물 창고 같은
미국의 빈티지 숍

　　LA 여행을 준비하면서 가장 기대했던 곳은 유니버설 스튜디오도, 할리우드도 아닌 중고 패션 체인점이었다. 세계적으로 유명한 패션 부티크가 널린 LA에서 왜 하필 새 옷도 아닌 중고 옷을 사냐고?

　　만약 미국의 대도시에 놀러 간다면 크로스로드 트레이딩 Crossroad Trading이나 버펄로 익스체인지 Buffalo Exchange 매장이 가까운 곳에 있는지부터 체크하는 게 알뜰 여행을 위한 첫걸음임을 미리 밝혀두는 바이다. 약간의 패션 안목과 브랜드 감식력만 갖추고 있다면 트루 릴리전과 디젤 같은 프리미엄 진은 물론, 운이 좋다면 샤넬과 프라다 같은 명품 브랜드의 신발과 가방도 심심치 않게 발견할 수 있다. 그것도 한화로 10만 원이 채 안 되는 저렴한 가격에 말이다.

　　남성과 여성복, 그리고 각종 패션 잡화를 두루 취급하는 버펄로 익스체인지는 1974년 애리조나 주에서 시작된 중고 물품 전문 상점이다. 이름에서 알 수 있듯이 미국적인 정서를 대표하는 키워드인 '버펄로Buffalo'와 교환한다사고판다는 의미의 '익스체인지Exchange'에서 유래된 이 숍은 지금도 미국 전역에 점포를 늘려가고 있는 체인점이다. 크로스로드 트레이딩Crossroad Trading 역시 '패션 리사이클 Fashion Recycled'을 모토로 한 중고 패션 매매 전문점으로 미국 서부를 중심으로 주요 대도시에 매장이 있다. 결정적으로 LA의 멜로즈 애비뉴에 있는 매장들은 일정 때문에 가보지 못했고, 샌프란시스코의 크로스로드 트레이딩 해이트 & 애시버리 점과 필모어 스트리트 지점에서 최고의 쇼핑 경험을 하고 돌아왔다. 지금까지의 모든 세계 도시에서 구입했던 패션 관련 쇼핑 중에 가장 만족도가 높았다고 해도 과언이 아니다.

이들 숍이 주로 취급하는 상품은 새것 같은 중고 옷과 잡화로, 이곳을 들르는 사람 중에는 물건을 사기 위해서가 아니라 팔기 위해 오는 사람도 만만치 않게 많이 보인다. 미국의 패션 사이클은 무척 빨라 패스트 패션이 일반화되어 있어서인지 몇 번 입은 옷들을 모아서 이러한 중고 숍에 버리는 셈치고 헐값에 넘기는 경우가 많다. 그래서 중고라고 해도 대부분이 시즌을 넘기지 않은 신상품이 많아서 앨리스 쿠퍼와 같은 할리우드 유명인사도 LA의 버펄로 익스체인지를 종종 방문할 정도라고 한다. 무엇보다 놀라운 점은 가격인데, 주로 10달러 전후의 티셔츠부터 50달러 전후의 프리미엄 진이 다수 갖춰져 있으며 평균 15달러 전후로 대부분의 단품 옷을 구입할 수 있다. 물론 샤넬이나 프라다 같은 디자이너 브랜드는 이보다 비싸지만 평균 70달러 정도고, 운이 좋다면 단돈 22달러에도 페라가모의 플랫 슈즈를 손에 넣을 수 있으니 차분히 시간을 들여서 보물찾기를 할 필요가 있다.

샌프란시스코의 일본인 거주 구역 필모어 스트리트에 있는

● ● 샌프란시스코에서 쉽게 찾아볼 수 있는 중고 의류 빈티지 숍.

크로스로드 트레이딩에서 처음으로 빈티지 쇼핑의 묘미를 맛볼 수 있었다. 시슬리의 울니트와 제이 브랜드J Brand의 진청 스키니, 스티브 매든의 펌프스, 그 외에도 몇 가지 티셔츠를 더 사고도 한화로 채 15만 원이 들지 않았다. 바지 한 벌 가격도 안 되는 돈으로 쇼핑한 것치고는 모든 옷이 보풀이나 낡은 자국 하나 없는 거의 새 제품이었고 유행에도 처지지 않는 세련된 아이템이었다.

하지만 그 후에 해이트 & 애시버리 지점에 가보니 빈티지 패션 스트리트의 명성답게 훨씬 많은 물량과 큰 규모의 매장을 만날 수 있었다. 그러니 만약 샌프란시스코에서 쇼핑할 시간이 절대적으로 부족한데 구제 숍은 꼭 가보고 싶다면 해이트 & 애시버리에 다닥다닥 붙어 있는 체인점들을 한번에 다 돌아보면 된다. 크로스로드 트레이딩, 버펄로 익스체인지는 물론 역시 비슷한 콘셉트의 웨이스트랜드Wasteland까지 모두 만날 수 있다. 해이트 & 애시버리의 크로스로드 트레이딩에서는 운 좋게 쥬시 꾸뛰르의 유명한 블랙 트레이닝 팬츠를 20달러도 안 되는 값에 건져서 기뻐했는데, 맞은편에 있는 웨이스트랜드에서 같은 브랜드의 블랙 트레이닝 후드 재킷을 건져 기어코 세트를 완성하고야 말았다. 이런 게 구제 쇼핑의 묘미!

이렇게 빈티지 쇼핑에 한번 맛들리면, 대형 쇼핑몰에 널려 있는 브랜드 매장이나 아울렛 매장은 눈에 잘 들어오지 않게 된다. 브랜드 신상품 한 벌 살 돈으로 운이 좋으면 샤넬이나 프라다 구두를 살 수도 있는 곳이 바로 이런 구제 숍이다. 미국은 가히 빈티지

러버의 천국이다.

더 재미있는 사실은 한국에서 가져온 옷이나 액세서리가 마음에 들지 않는다면 이러한 중고 숍에 찾아가 매입을 신청할 수도 있다는 것이다. 이때 매입한 금액은 그 자리에서 현금으로 바꾸어주지만, 그보다 더 좋은 방법이 있다. 스토어 크레디트Store Credit로 대신해 다른 물건을 살 때 상품권처럼 사용하는 편이 더 비싸게 쳐준다고 한다. 주로 매입하는 아이템은 트렌디한 브랜드의 제품이기 때문에 이름이 잘 알려진 브랜드의 제품일수록 좋다고 한다. 약간의 영어 실력과 팔고자 하는 아이템이 있다면 알뜰 쇼핑에 활용해보는 것도 좋은 방법이다.

- 버펄로 익스체인지: http://www.buffaloexchange.com
- 크로스로드 트레이딩: http://crossroadstrading.com

일요 골동품 시장
멜로즈 플리마켓

아쉽게도 LA에서는 이러한 빈티지 숍에 가지 못했지만, 대신 일요일에 열리는 패셔너블한 플리마켓은 놓칠 수 없었다. 드디어 화려한 할리우드를 벗어나 본격적인 LA의 깊숙한 단면을 들여다볼 절호의 기회였다. 일요일 아침의 사람 향기, 그리고 오래된 것들의 아름다움을 만날 수 있는 멜로즈 벼룩시장의 정식 명칭은 '멜로즈 트레이딩 포스트Melrose Trading Post'다. 매주 일요일 아침 열리는 이 시장은 LA 최대 규모의 앤티크 장터이며, 할리우드 스타들도 와서 쇼핑하는 곳으로, 개성 넘치는 현지인을 만날 수 있는 기회이기도 하다. 일반적인 LA 관광 코스는 전혀 아니지만, 나처럼 현지스러운 여행을 원한다면 도전해볼 만한 곳이다. 멜로즈로 가는 길은 엄청 오래 걸리기 때문에, 택시를 탔다면 페어팩스Fairfax 앞에 내려달라고 말하면 된다. LA에서 택시를 탈 때는 애비뉴와 스트리트의 이름 둘 다 알고 있어야 정확한 위치에 내릴 수 있다.

멜로즈 마켓의 입장료는 2달러이다. 돈을 내면 손목에 작은 별도장을 찍어 준다. 벼룩시장에 웬 입장료냐며 의아하겠지만, 이 돈은 페어팩스 고등학교의 장학금으로 쓰인단다. 지역 주민들의 자발적인 참여로 사회적인 선순환이 이루어지고 있음을 느낄 수 있었다. 그렇게 마켓에 들어서는 순간 탄성이 절로 나온다. 그동안 쉽게 볼 수 없던 진짜배기 앤티크들이 가득가득! 최근 몇 년간 들렀던 대규모 벼룩시장엔 싸구려 제3세계 공산품이나 그저 그런 기념품만 파는 시장이 많았는데 여기는 어느 정도 수준 있는 골동품들이 많다는 걸 문외한인 나도 느낄 정도였다. 아주 찬찬히 살펴봐야 이 세월과 먼지 뒤에 가려진 아름다움을 발견할 수 있겠지만, 아직 내게 그 정도의 안목은 없기에 그저 눈으로, 손끝으로 고르면서 마켓의 흥겨운 분위기를 만끽해보았다.

뜨거운 7월의 LA 햇살을 가급적 피하기 위해 개장 시간인 오전 10시경에 맞춰 갔는데, 처음에는 사람이 별로 없는 듯했는데 어느새 하나둘씩 동네에서 몰려드는 사람들로 북적였다. 핫도그와 같은 간단한 스낵을 파는 부스도 있어서 점심을 굶을까 하는 걱정은 하지 않아도 된다. 옷에 관심이 많은 나는 주로 옷이나 패션잡화 파는 곳을 구경했다. 구찌, 프라다 같은 명품은 오래오래 써서 낡은 것들도 있었고, 현지 디자이너들이 숍에서 팔다가 남은 재고를 가져다 놓기도 했다. 시장에서 나가기 직전 두 벌의 옷을 골랐다. 자잘한 검은 줄이 들어간 튜브톱과 면소재의 여름 원피스 하나를 샀는데 합쳐서 6달러! 가격도 싸니 부담이 없다. 물론 이곳의 주요 볼거리는 앤티크 가구와 인테리어 소품들이다. 여행자에게는 그저 그림의 떡일 수밖에 없지만, 워낙 특이한 것들이 많아서 보는 것만으로도 다양한 감각을 키울 수 있는 공부가 된다. 단, 가구를 파는 사람들은 사진 찍는 걸 매우 싫어하니 조심할 것. www.melrosetradingpost.org

Chapter 09

최고 최대의
글로벌 축제와 이벤트

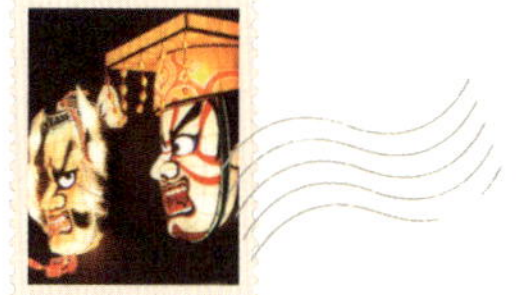

유럽의 봄을 알리는
큐켄호프 튤립 축제

네덜란드에만 가면 지천에 아름다운 튤립이 흐드러지게 피어 있을 거라고 막연히 상상하는 사람이 아마 나만은 아닐 게다. 네덜란드를 상징하는 꽃이라면 단연 튤립이지만 실제로 튤립을 만날 수 있는 시간은 극히 한정되어 있다. 대부분의 방문객들은 기념품 상점에 늘어선 튤립 문양만 실컷 구경하다가 떠나야 한다. 이러한 이유로 4월부터 5월 초 사이에 네덜란드를 방문하게 된다면 정말 운이 좋다. 전 세계에서 오직 튤립을 보기 위해 수백만 관광객이 모여 든다는 세계 최대의 튤립 축제, 큐켄호프 꽃 축제가 열리는 시기이기 때문이다.

1949년 네덜란드의 구근 및 꽃 전시실과 야외 전시로 처음 개최된 큐켄호프 축제는 이제 세계적인 봄 축제로 거듭나 무려 4천 500만 명의 관광객이 방문한 대기록을 가지고 있다. 매년 3월 중순부터 5월 중순까지 열리는 축제의 하이라이트는 매년 테마로 진행되는 야외 정원과 실내 화초 전시회다. 여기에 15km에 이르는 환상적인 산책로를 천천히 걸으며 꽃을 감상하는 코스도 빼놓을 수 없다.

봄철의 헤이그는 큐켄호프 축제를 위한 여정을 짜기에 좋은 도시다. 암스테르담에서 가려면 환승역인 레이던Leiden까지 30~40분이 걸리지만 헤이그에서는 10~15분 정도밖에 안 걸리니 우선 가깝다. 5월 초에 헤이그에서 이틀을 머물게 된 나의 기가 막힌 여행 스케줄에 감사하며, 온전히 한나절을 큐켄호프 축제에 기꺼이 바치기로 했다. 레이던 역에 내리니 큐켄호프행 버스용 전용 티켓 창구가 마련되어 있어 입장권과 왕복버스 표가 합쳐진 패키지를 21유로에 사서 손쉽게 갈 수 있었다가격은 해마다 조금씩 오르니 인터넷으로 확인이 필요하다. 레이던에서 큐켄호프까지는 다시 버스로 30여 분을 가야 한다.

큐켄호프를 찾은 날은 5월 5일인데, 이날이 네덜란드의 독립 기념일Liberation Day이어서 공휴일에 속한다. 원체 유명한 축제인데다 봄철에만 한정된 행사라 그런지, 흐리고 추운 날씨에도 불구하고 아침부터 엄청난 인파가 모여들고 있었다. 휴일을 맞아 모처럼 꽃 나들이를 온 내국인뿐만 아니라 전 세계에서 몰려든 관광객들로 튤립 반, 사람 반의 진풍경이 펼쳐졌다. 생각보다 쌀쌀한 네덜란드의 5월 날씨에 전혀 대비를 하지 않고 온 탓에 좀 추웠지만, 오히려 하늘이 흐리니 꽃들은 더욱 선명한 자연색을 뿜어내 구경하는 재미가 쏠쏠했다. 지끈지끈 아파오던 허리와 쌀쌀한 날씨도 잠시 잊은 채 열심히 셔터를 눌러대며 튤립의 아름다움을 만끽했다. 가기 전에 여행 후기들을 찾아보면서 어쩌면 이렇게 다들 꽃 사진을 잘 찍었을까 했는데, 가서 보니 여기서는 다 전문 포토그래퍼가 될 수 있었다. 그만큼 꽃들이 아름답고 조경 역시 최고 수준이었다.

세상에 이렇게 많은 색과 종류의 튤립이 있는 줄은 태어나서 처음 알았다. 평생 살면서 볼 수 있는 튤립을 여기서 한 방에 다 만난 기분이다. 많은 튤립을 한꺼번에 만나다 보니 처음에는 빨간 튤립, 노란 튤립 등 원색의 튤립에 눈이 갔지만 시간이 지날수록 눈에 들어오는 색의 튤립이 있었다. 바로 신비스러운 분홍색 튤립이었다. 특히 흰색 튤립과 섞여서 간간히 피어난 핑크 튤립은 정말 청순하고 귀여운 소녀를 보는 듯했다. 하지만 아무리 아름다운 튤립도 한꺼번에 너무 많이 보면 질리는 법. 두어 시간을 돌아도 다 못 볼 만큼 엄청나게 넓은 큐켄호프 축제장은 단순히 튤립 밭으로 이루어진 게 아니라 곳곳에 잘 다듬어놓은 정원들이 배치되어 있어 사진 찍기에도 좋고 아픈 다리를 잠시 쉬어갈 수도 있다.

● ● 흐드러지게 피어 있는 튤립(위) / 다양한 풍차 모양 기념품을 만날 수 있다(아래).

약 32헥타르의 엄청난 부지의 정원에는 히아신스, 수선화, 크로커스 등 다채로운 꽃이 향연을 이루고 있다. 원래 큐켄호프 공원의 부지는 중세 시대에 귀족의 영지였다고 하는데 그래서인지 단순한 꽃밭이 아닌 고풍스러운 정원의 형태를 띠고 있는 점이 이색적이다. 깔끔하고 빈틈없이 정돈된 여러 곳의 미니 정원에서 유럽인들의 취향과 문화를 잠시나마 엿볼 수 있었다. 또한 꽃들 사이로 간간히 조형물도 보이고, 꼬마들의 사랑을 독차지하는 멋진 말도 한 마리 보이고, 또 네덜란드를 인증하는 듯한 거대한 풍차도 한 채 있다. 물론, 풍차에 들어가려면 돈을 내야 한다.

야외에 있는 튤립들을 충분히 감상했다면, 이제 서너 군데의 실내 꽃시장을 돌아볼 시간이다. 천장이 마치 거대한 비닐하우스와 같이 꾸며진 꽃시장에는 세계 최고의 화훼 시장인 네덜란드의 단면을 엿볼 수 있는 엄청난 종류의 관상용 식물이 새로운 주인을 기다리고 있었다. 야외 튤립 정원 못지않게 이곳 시장도 발 디딜 틈이 없을 만큼 사람이 많았다. 꽃 종류도 예뻤지만 신기하게 생긴 식물들이 많아서 구경하는 재미가 있었다. 현지인들이 이곳에서 많은 꽃과 화분을 사가는 모습이 여유로워 보였다. 물론 여행자는 화분을 통째로 살 수는 없겠지만 씨앗이나 구근 등을 포장해서 팔기도 하고 큐켄호프가 새겨진 아기자기한 기념품을 파는 가게도 있으니 꼼꼼히 둘러보는 게 좋다.

큐켄호프의 만만치 않은 입장료와 외진 위치 등을 감안한다면 간단한 먹을거리를 준비해 가는 것도 좋겠지만, 이곳 카페테리아에서 커피 한 잔 정도는 마셔보길 추천한다. 일단 한국 관광지처럼 어이없는 바가지 가격에 맛대가리 없는 음식을 파는 모습과는 상당히 다른 레스토랑이 있다. 수준급의 커피와 베이커리 바리에이션이 준비되어 있어 뭘 먹어야 할지 한참을 골랐을 정도였다. 마음 같아서는 네덜란드식 사과 타르트를 한 접시 해치우고 싶었지만, 아침을 너무 많이 먹고 나와서 배도 별로 고프지 않았고 혹시 몰라 준비해 간 초콜릿 머핀이 있어서 따뜻한 카페 라떼를 한 잔만 시켰다. 커피 가격도 3유로 정도로 시내에서 사 먹는 가격과 그렇게 큰 차이가 없었다.

5월에 네덜란드를 방문한 덕에 운 좋게 볼 수 있었던 큐켄호프 튤립 축제, 다음에 다시 간다면 아마도 나이가 아주 많이 든 인생의 황혼기쯤일 것 같다. 휠체어와 지팡이에 의지해 소녀 같은 미소를 띠며 어쩌면 생의 마지막일지 모르는 튤립을 하염없이 즐기던 수많은 할머니와 할아버지들처럼.

아시아 예술의 현재를 조명한
아트 비엔날레

대부분의 한국 여행사들은 싱가포르를 동남아시아의 좀 잘 사는 나라, 맛있는 요리와 어트랙션과 고급 리조트로 가득한 관광도시 정도로 접근한다. 자연히 한국인들은 그 범위 안에 있는 싱가포르만을 만나고 돌아가기 일쑤다. 하지만 2년마다 3월부터 5월까지 열리는 아트 비엔날레 기간에 싱가포르를 방문한다면 분명 그 도시를 다른 방식으로 여행하고 싶어질 것이다. 아시아 최대 규모의 예술행사 '아트 비엔날레'는 싱가포르를 예술과 창의력으로 넘치는 생동감 있는 도시로 완벽하게 탈바꿈시킨다. 이 멋진 볼거리를 놓치면 2년을 또 기다려야 한다는 생각에, 2011년 전체 여행 일정을 조정해 하루 동안 비엔날레를 관람했다.

예상대로 아트 비엔날레를 중심에 놓았던 싱가포르 자유여행은 전체적인 여행의 퀄리티를 눈에 띄게 높여주었고, 1년 동안 온갖 미술관을 부지런히 다녀도 만날 수 없을 정도의 풍성한 볼거리를 하루 만에 선사했다. 비엔날레가 열리는 장소가 국립 미술관, 현대 미술관의 주요 미술관을 비롯해 구 공항 청사와 마리나 베이까지 네 곳에 흩어져 있기 때문에, 자연스럽게 도심을 여행하면서 풍부한 예술 작품도 접할 수 있다. 이 모든 것을 하루에 다 보기가 벅찰 정도로 비엔날레의 내실은 꽉 차 있었고, 행사 진행도 비교적 매끄러웠다.

이번 비엔날레의 하이라이트는 싱가포르의 상징 머라이언 호텔을 일본 아티스트 타쯔 니시가 도심 한가운데에 가상으로 설치해 실제로 숙박할 수 있는 기회까지 주는 초대형 이벤트였다. 선착순으로 숙박 예약을 받았던 바람에 난 아쉽게 기회를 얻을 수 없었지만, 어쨌든 이 독특한 이벤트로 인해 비엔날레는 다시 한 번 세계적으로 화제가 되었다.

100년 이상 지속되고 있는 유럽의 베니스 비엔날레를 떠올리지 않더라도, 한국에서도 광주 비엔날레 등 각종 국제 예술행사가 매년 활발하게 열리고 있다. 국가적인 사업으로 예술 창조 산업을 전면에 내세운 싱가포르는 2007년을 시작으로 2년마다 새로운 테마의 비엔날레를 개최해 아시아 예술의 현재를 조명한다.

2011년의 주제는 '오픈 하우스Open House'였다. 보통 오픈 하우스라고 하면 예술가들이 자신의 작업실을 대중에게 공개하는 일종의 커뮤니케이션을 의미한다. 전 세계 30개국에서 모여든 63명의 아티스트가 비엔날레를 통해 어떻게 '오픈 하우스'의 흥겨운 장을 열어놓았을지 기대 가득한 마음을 안고 티켓 부스가 있는 미술관으로 향했다.

비엔날레 관람은 싱가포르 아트 뮤지엄SAM, Singapore Art Museum에서 시작됐다. 오전 11시 전에 일찌감치 티켓을 구입하고 옛 공항 청사인 칼랑 공항으로 향하는 무료 셔틀 버스가 올 때까지 전시된 비엔날레 작품을 구경했다. 비엔날레 전시물은 기존에 미술관에 전시된 작품들보다 훨씬 자유분방하고 설치미술과 같이 규모가 큰 작품이 많았다. 들어가자마자 오색으로 자체 발광하는 미라부터 민속음악을 자동으로 연주하는 로봇 악단 같은 재미난 설치미술 작품이 시각적으로 강렬한 충격을 주었다. 특별한 제재 없이 자유롭게 사진 촬영을 할 수 있고, 입장할 때 무료로 대여해주는 오디오 가이드를 귀에 꽂으면 작품에 대한 자세한 설명도 들을 수 있다. 아트 뮤지엄 관람을 마치고 맞은편 건물인 현대 미술관 '8Q'로 서둘러 가서 나머지 작품들을 구경했다.

셔틀버스를 타고 향한 옛 공항 청사는 도심에서 다소 떨어진 북동쪽의 한적한 주택가에 위치해 있다. 싱가포르에서 처음으로 지어진 공항 청사인 칼랑Kallang 공항은 1937년 개장한 후 2차 세계대전 때 군사 기지로 바뀌었다가 이후 90년대까지 정부 기관으로 쓰였다고 한다. 어찌 보면 싱가포르의 역사를 담고 있는 현장을 이제는 세계적인 예술 전시장으로 활용한다는 것이 참으로 신선하게 다가왔다. 공항 청사라기보다는 낡고 허름한 창고 같은 거대한 건물이 덩그러니 남아 있는데, 과연 어떻게 미술 작품들이 저 안에 전시되어 있을지 처음에는 의아할 정도였다. 놀랍게도 작은 사무실 공간하나하나를 다 개별 아티스트의 전시관으로 활용하고, 큰 격납고 공간에는 크기가 큰 설치미술이 전시되어 있었는데 두 시간을 꼬박 다녀도 꼼꼼히 못 볼 만큼 알찬 전시였다.

특히 기억에 남는 작품은 로스리삼 이즈마일Roslisham Ismail의 시크릿 어페어Secret Affair라는 전시로, 6개의 냉장고에 각기 다른 식료품과 스토리가 들어 있는 독특한 구성의 작품이었다. 각 냉장고 윗부분에는 작은 텔레비전이 설치되어 있는데 그 냉장고에 든 식료품이 어떤 슈퍼마켓에서 왔는지, 그 냉장고의 주인은 어떤 사람인지

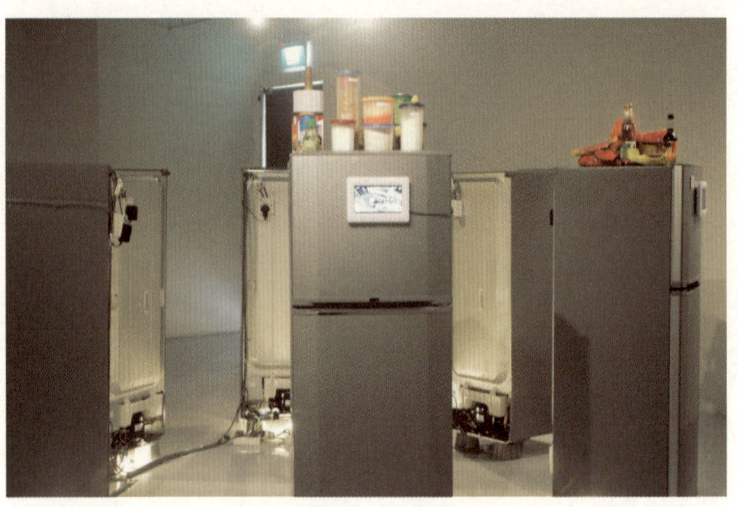

● ● 냉장고에 라이프스타일이 담겨 있다는 메세지의 설치미술.

를 짐작하게 하는 영상이 나온다. 어떤 냉장고에는 남미 음식만 잔뜩 있어 그 냉장고의 주인이 남미 태생임을 짐작하게 하고, 또 다른 냉장고에는 데워먹는 냉동 음식과 정크 푸드만 대충 채워져 있어 혼자 사는 외로운 싱글남의 냉장고임을 유추할 수 있다. 냉장고에 한 가정의 라이프스타일이 그대로 반영되어 있다는 메시지를 담은 이 설치미술은 참으로 발칙하면서도 흥미로워서 눈을 뗄 수 없었다.

칼랑 공항 청사는 전시 내용도 훌륭했지만 로컬 패스트푸드 '토스트박스Toast Box'를 야외에 그대로 옮겨온 가상의 카페에서 실제로 음식을 팔고 있어 점심 식사를 이곳에서 해결했다. 밥 먹느라 셔틀버스를 놓쳐서 아쉽게도 마리나 베이의 머라이언 호텔은 구경하지 못한 게 못내 아쉽기는 했다. 하는 수 없이 공항 청사 앞에서 시내버스를 타고 마지막 행사장인 싱가포르 국립 박물관으로 향했다. 이로써 비엔날레 구경과 함께 싱가포르의 주요 3대 미술관을 다 돌아보는 셈이었다. 게다가 비엔날레 입장료 10싱가포르 달러에 세 미술관을 다 볼 수 있으니 정말 저렴하다. 원래는 국립 박물관 한 곳의 입장료만 10싱가포르 달러에 달한다.

싱가포르 국립 박물관은 이번 아트 비엔날레의 마지막 코스로, 몇 년 전 개보수를 마치고 신관까지 증축해 새롭게 오픈한 빅토리아 양식의 고풍스러운 건물이다. 우선 비엔날레 관람을 마무리하기 위해 지하 전시장으로 내려가니 싱가포르의 역사를 한눈에 만날 수 있는 빈티지한 옛 생활용품들이 아기자기하게 전시되어 있었다. 본격적인 전시관에 들어가니 어두운 실내에 각종 미디어 아트와 짧은 단편 영화가 상영되고 있었다.

비엔날레 관람을 어느 정도 마치고 나서 국립 박물관의 하이라이트인 '라이프스타일 갤러리'로 향했다. 패션, 영화, 요리, 사진 등 4개의 갤러리로 구성된 이 전시관에서는 싱가포르 일상생활의 변천사를 만날 수 있다. 터치 패널 등 멀티미디어를 십분 활용한 인터랙티브 전시는 기본이고 소리와 향신료 냄새를 동시에 체험할 수 있는 첨단시설이 갖춰져 있다. 이런저런 향기도 맡고 영상도 구경하고 난 뒤 기념품 숍에서 싱가포르에서만 살 수 있는 아트북 몇 권을 사고 나면 아트 비엔날레와 함께하는 완벽한 하루가 마무리된다.

비엔날레와 같은 큰 예술 행사를 선호하는 이유는, 예술에 대한 격식과 거리감을 없애고 대중과 소통하려는 예술가의 노력을 가까이서 만날 수 있기 때문이다. 많은 한국 여행자들은 해외에 가면 가이드북에 적힌 그 도시에서 제일 유명한 미술관에 '의무감'으로 찾아간다. 하지만 웬만큼 배경지식을 공부하지 않는 이상 몇백 년 전 명화와 조각품이 내 눈앞에 놓인들 그저 실물 확인 정도에 그치기 일쑤다. 아무런 준비 없이 유명 미술품을 보면서 우리가 실질적으로 얻을 수 있는 신선한 아이디어는 과연 얼마나 될까?

　　예술과 직접적인 관련이 없는 일을 하는 나와 같은 평범한 사람에게 추천하고 싶은 알짜배기 여행법은, 아트 비엔날레와 같이 현대 미술이 집약적으로 모여 있는 축제나 행사를 여행 일정에 반드시 넣는 것이다. 현대 미술은 틀에 박혀 있지 않은 자유로운 사고가 작품에 반영되어 있고, 지금 막 떠오르는 새로운 테크놀로지가 예술과 절묘하게 결합해 기술적인 트렌드를 보여주기도 한다. 또한 유럽이나 미국에서 만나는 예술작품에 비해 아시아의 예술은 지리적이고 문화적인 영향 때문에 좀 더 한국인의 정서에 친밀하고 가깝게 와 닿는다. 하지만 한국에서는 아시아의 예술을 만날 기회가 그리 흔치 않은 것이 현실이다. 그런 의미에서 싱가포르 아트 비엔날레는, 예술작품을 통해 세계 속 아시아의 정체성을 확인하고 우리만이 가진 독창성의 포인트를 새롭게 발견할 수 있는 특별한 이벤트였다.

세계 최고의 셀러브리티가 몰려드는
할리우드 시사회

전 세계 사람들이 할리우드에 가는 까닭은 무엇일까? '할리우드 영화'로 대변되는 저마다의 환상을 좇아서, 혹은 엔터테인먼트 발상지의 상징적인 장소에 두 발을 딛고 서 있다는 자체만으로도 감격스러워서 등 각자의 이유가 있을 게다. 그러나 이곳에서 비일상적이지만 꼭 한 번쯤은 경험하고 싶은 단 한 가지, 그것은 '할리우드 스타'를 직접 목격하는 일이다. 그것도 파파라치 사진이 찍히는 그들이 추리닝 차림보다는 기왕이면 화려한 레드 카펫 위에서라면 더 좋고, 또 블록버스터가 개봉하는 주에 열리는 프리미어 시사회가 마침 열리는 때라면 더할 나위 없다. 할리우드에서도 이때를 잡아 그들의 얼굴을 보기란 쉬운 일이 아니다.

그런데 나는 바로 그때 할리우드에 있었다. 더 정확히 말하자면 일부러 때맞춰 할리우드에 가 있었다. 영화를 전공하는 동생이 도전한 이벤트 덕에 영화 〈솔트〉의 미국 현지 프리미어 시사회에 초청받아 팔자에도 없는 할리우드에 가게 된 것이다. 여름 휴가를 일찍 다녀오는 셈 치고 겸사겸사 떠난 LA에 도착한 지 이틀째, 유니버설 스튜디오에서 전쟁 같은 투어를 끝내고 할리우드에 복귀하자 도로의 모든 교통이 통제되어 있고 엄청난 인파로 발 디딜 틈이 없었다. 특별한 순간의 할리우드를 만난 것이다. 잠시 뒤, 난 타이트한 블랙 원피스를 입은 안젤리나 졸리의 뒷모습을 볼 수 있었다. 그리고 보너스로 간간히 브래드 피트도 보였다.

스타가 통제된 도로를 거닐며 수많은 팬들에게 손을 흔드는 장면은 조금만 발버둥치거나 키가 크다면 충분히 볼 수 있지만, 프리미어 시사회가 열리는 극장 앞 레드 카펫이라면 그 사정이 다르다. 오직 선택된 자들만이 밟을 수 있는 레드 카펫에는 할리우드 영화 업계 관계자들이 화려한 의상을 뽐내며 극장 안으로 발길을 옮기고 있었다. 리먼 차이니스 극장은 보통 할리우드를 방문하는 많은 관광객들이 들르는 상징적인 극장으로, 여행자가 들어와서 영화를 볼 일은 거의 없다. 이 시사회 역시 완벽하게 통제된 이중 삼중의 검열 끝에 입장하게 되어 있었다.

이때 현지 에이전시 직원이 내게 귀띔해준다. "아까 준 시사회랑 애프터 파티 티켓 있죠? 그거 지금 엄청난 고가에 암거래되고 있대요. 그러니 티켓 간수 잘해요. 여러분은 정말 럭키!" 어쨌거나 붉은 바탕에 금빛 문양이 휘황찬란하게 박힌 커튼이 드리워진 극장 내부는 너무나 아름다웠다. 건물 외경을 볼 때와는 또 다른 느낌이었다. 게다가 그 넓은 관객석을 속속 메우고 있는 수많은 할리우드 피플을 구경하는 것도 신선한 경험이었다.

그때, 난 또다시 봤다. 바로 그 커플을! 객석 뒤편이 웅성거린다 싶더니 곧이어 입장하는 브란젤리나 커플. 여전히 앞모습은 비싸서 안 보여주시는 안젤리나 졸리와는 달리, 브래드 피트는 주위 사람들의 시선을 개의치 않고 열심히 외조를 펼치는 모습이었다. 실제로 보니 어떻더냐는 질문을 많이 받았는데 글쎄, 그의 열렬한 팬은 아니지만 워낙 유명한 셀러브리티를 가까이서 보기란 쉽지 않은 일이니 오랫동안 기억엔 남을 것 같다.

내 옆자리에 앉은 로베르따는 이탈리아에서 뽑혀서 온 또 다른 행운아였다. 밀라노에서 마케팅 일을 하고 있다는 그녀는 지루한 삶에 이번 여행이 완전 신나는 경험이라고 말했다. 캘리포니아 날씨가 너무 '화창Sunny' 하다며 잔뜩 업된 기분이 물씬 느껴지는 그녀의 밝은 얼굴에 나까지 기분이 좋아졌다.

잠시 후 영화 시작! 그러나 얼마 지나지 않아 로베르따는 입까지 벌리고 잠이 들고 말았다. 이탈리아어로 된 자막이 없으면 영화 못 본다며. 그런데 영화의 첫 장면은 뜻밖에도 북한군이 안젤리나 졸리를 고문하는 충격적인 내용이었다. 전체적인 줄거리와는 아무런 관련도 없이 절대 악으로 등장하는 'North Korea'를 보며, 언제까지 '코리아'라는 브랜드는 할리우드에서 싸구려 악역으로만 써먹는 나라여야 하는지, 영화를 보는 내내 마음이 불편하고 끝까지 찝찝했다. 영화 속 영웅이 된 그녀는 아무리 달리는 버스 위에서 떨어져도 죽지 않았고, 몇몇 사람들은 대놓고 코웃음을 쳤다. 영화가 끝나고, 미국 사람들이 그렇게 좋아한다는 기립박수는 나오지 않았다. 그 자리에 있던 브래드 피트의 기분은 어땠을까? 그게 제일 궁금했다. 어쨌거나 난 그 비싼 암표가 떠돈다는 애프터 파티에는 가지 않았다.

　　다음 날 우연히 만난 로베르따가 "어제 파티 왜 안 왔어? 나
브래드 피트 완전 가까이서 봤다고. 여기 배우들이랑 같이 사진 찍
은 거 볼래? 하하"라며 자랑할 때도, 그다지 부러운 마음이 들지 않
았던 건 그 때문이었다. 하지만 영화야 어쨌든, 할리우드에서 내가
배운 건 너무나 많았으니까.

글로벌 패션 이벤트의 생생한 현장,
남성복 패션쇼 MFW

　　아시아의 셀러브리티가 모여드는 글로벌 이벤트 현장으로
대형 패션쇼를 빼놓을 수 없다. 아시아에서 최초로 열리는 남성복
패션쇼 MFW_{Men's Fashion Week} 2011의 미디어 스폰서인 MTV 아시
아는 온라인을 통해 초청 국가별로 1명씩 총 5쌍의 미디어 VIP를 초
청했다. 그런데 한국에서는 용감하게 영어로, 그리고 아마도 유일하
게 참가 신청을 한 내가 행운의 주인공이 되었다. 덕분에 총 3일간의
패션쇼 중의 첫 2일간의 모든 쇼를 VIP석에서 관람했고 파티에도
VIP로 초대되었다. 게다가 최근 오픈해 큰 화제가 된 럭셔리한 시티
리조트 '마리나 베이 샌즈_{Marina Bay Sands}'에서의 2박 3일 숙박과 왕
복 항공권까지 모두 주어졌다. 하지만 무엇보다도 이 패션쇼에 참가

한다는 것은 동남아시아는 물론 한국과 일본, 중국의 유명 디자이너가 총출동하는 글로벌한 패션 이벤트를 볼 기회를 얻었다는 의미여서 기뻤다.

패션쇼는 5일간 진행되었는데, 내가 도착한 날은 패션쇼가 열린 지 이틀째 되는 날이었다. 첫 번째 쇼가 열리기로 한 시각은 저녁 6시. 호텔에 도착해 정신없이 옷을 갈아입고 로비에서 MTV 관계자와 만나 티켓과 VIP 카드를 받아 행사장으로 뛰다시피 달려가 아슬아슬하게 시간을 맞췄다. VIP 라운지가 따로 마련되어 있어서 주최 측의 배려로 350달러나 하는 VIP 카드로 라운지에 입장해 편하게 쇼를 기다릴 수 있었다. 라운지에서는 끊임없이 갖다 주는 핑거 푸드와 각종 주류를 마음껏 즐기며 화려한 패션 피플을 구경했다. 이번 행사의 스폰서로 피지 워터와 유명 티 브랜드 TWG가 참가한 덕분에 맛있는 칵테일과 디저트를 실컷 맛볼 수 있었다. 라운지에서 간단히 한 잔 하고 행사장에 설치된 부스를 둘러보며 잠깐의 여유를 즐겼다.

이 패션쇼가 아시아뿐 아니라 전 세계의 이목을 집중시킨 이유는, 그동안 잘 알려지지 않았던 아시아 각국의 로컬 패션 디자이너들이 공식적인 큰 무대에서 첫 선을 보였기 때문이다. 세계적으로 잘 알려진 휴고보스나 A. 테스토니, 까날리, 상하이 탕 등의 브랜드와 함께, 한국에서는 G.I.L 옴므와 송지오가 참가했다. 안타까운 것은 남성복 패션위크가 이번이 첫 행사인데다 싱가포르에서 열리다 보니 한국 언론에는 거의 홍보가 되지 못했다는 점이었다. 한국에서 기자 한두 명을 빼고는 내가 유일해서 미디어 VIP의 사명감을 안고 참가했던 만큼, 행사의 생생한 현장을 꼼꼼하게 블로그에 리포트했다. 패션뿐 아니라 지금 아시아를 선도하는 문화적 유행의 흐름을 가까이서 지켜볼 수 있었던 소중한 경험이었다. 국내에서 열리는 런칭쇼와 패션쇼도 많이 가본 편이지만, 이렇게 큰 행사를 타국에서 보는 건 매우 이례적인 일이었다. 현장의 분위기는 첫 행사여서 아직 자리가 안 잡히고 우왕좌왕했지만, 아시아 첫 남성 패션위크가 싱가포르에서 열린다는 사실에 나름의 자부심도 느껴졌다.

싱가포르 패션 브랜드 라울RAOUL의 모던한 남성 수트로 첫 번째 쇼가 시작되었다. 라울은 마리나 베이 샌즈의 대규모 쇼핑몰 아케이드에서 단독 매장을 개장했을 만큼 현지에서는 유명한 남성복 브랜드다. 주로 오피스룩에 완벽히 어울리는 유러피안 스타일의 정장을 선보였는데, 특히 톤다운된 레드와 블루를 대비시킨 셔츠의 색감이 인상적이었다. 현지 언론에서 주목했던 다음 쇼는 싱가포르 최고의 헤어 디자이너 데이비드 간이 처음으로 선보인 남성복 브랜드 제이슨Jason이었다. 탑 모델인 필립 황이 런웨이의 스타트를 끊었으며 모든 모델이 붙임머리를 사용해 독특한 헤어 스타일링과 패션을 매치했다. 특히 닥터 마틴이 슈즈 스타일링을 피처링해 좀 더 캐주얼한 느낌을 주었다. 긴 머리와 긴 치마 등의 독특한 보헤미안 룩이 주류를 이루며 원시적인 남성성을 부각시키는 데 초점을 맞추었다.

싱가포르에서 펼쳐진 한국 디자이너 서은길의 G.I.L 옴므 패션쇼.

다음 날 한국의 서은길 디자이너가 런칭한 남성복 라인이 드디어 싱가포르의 글로벌 패션쇼 런웨이에 선보였다. 한국 디자이너 작품을 해외에서 만나니 나까지 더욱 긴장되는 순간이었다. '희망Hope'을 주제로 한 다양한 스타일의 라인이 속속 선보이자 장내는 "역시 기대 이상!"이란 밝은 분위기였다. 점점 고조되는 색상과 디자인을 시간 순으로 배치해 패션으로 메시지까지 전달한 G.I.L 옴므의 멋진 라인은 한국인의 자부심을 느끼게 해주었다.

실제로 보는 디자이너의 수트는 잡지 화보와는 비교할 수 없을 만큼 멋지고 강렬하게 다가왔다. 더운 여름의 나라 싱가포르에서 만나는 겨울옷이지만, 살짝 톤다운된 컬러를 많이 써서인지 도회적인 시원시원함으로 다가왔다. 처음 모노톤에 들어갔던 블루 컬러에 이어 옐로우, 그린의 테마가 이어지면서 '희망'의 메시지가 한층 더 강렬하게 어필됐다. 이어진 오렌지와 레드 컬러의 테마가 끝나면서 쇼는 화려하게 대미를 장식했다. 한국 디자이너가 아니었더라도 가장 인상에 남는 멋진 쇼로 꼽고 싶었는데, 하물며 한국 디자이너여서 더욱 자랑스럽고 좋았다.

익살맞은 거대한 용을 만나는
아오모리 네부타 마쓰리

일본의 마쓰리는 꼭 한번 구경해보고 싶지만, 역시 시간의 희소성 탓에 여행으로는 쉽게 만나기 어렵다. 아오모리에도 유서 깊은 마쓰리_{일본의 축제는 마쓰리라고 하며 신령 등에 제사를 지내는 의식}가 있는데, 땡볕이 내리쬐는 8월 한여름에 열리는 '네부타'가 그것이다. 하지만 대부분의 아오모리를 찾는 여행자들은 스키나 설경을 즐기기 위해 겨울에 찾는 경우가 많다. 그런데 지난 2011년 1월에 머물렀던 나쿠아 시라카미 리조트에서는 겨울 스키 관광객을 위해 토요일 저녁마다 네부타 축제의 일부를 재현했다. 덕분에 2박 3일의 스키 여행 중 마지막 밤인 토요일을 특별하게 보낼 수 있었다.

뷔페 레스토랑에서 저녁을 거하게 먹고 배를 두드리고 있을 즈음, 갑자기 창 밖에 거대한 눈 트럭과 노란 불빛이 언덕을 타고 내려오기 시작했다. 매주 토요일 8시 30분부터 나쿠아 시라카미 리조트에서 준비한 네부타 축제의 재현이 막 시작하려는 것이었다. 서둘러 디저트를 마무리하고 밖으로 나갈 채비를 했다. 아오모리의 매서운 눈발은 낮이고 밤이고 가리지 않고 쏟아져 내렸는데, 잠깐 눈이 그친 틈을 타 등불로 가까이 가서 사진을 몇 장 남겼다. 너무나도 아름답게 치장을 마친 네부타는 반투명한 포장에 둘러싸여 더욱 신비로운 빛을 발했다. 스키장을 가로질러 다가오는 거대한 크기의 네부타 등불에서 비어져 나오는 불빛이 영롱해서 한참을 바라보았다. 실제 축제에서 쓰는 건 훨씬 크다고 했다. 자세히 보면 장식의 디테일이 엄청 화려하고 복잡하여 등불 안에 들어 있는 말의 형상이 마치 탈출하기 직전처럼 생동감이 있었다. 정말 8월 한여름에 아오모리의 한복판에서 사람들의 힘찬 함성소리와 함께 이 등을 만났다면 더욱 신났겠지만, 이렇게 네부타를 구경할 수 있는 것만으로도 행복했다.

　　야간 스키를 타던 사람들, 저녁 식사를 하던 사람들도 모두 밖으로 나와 신나는 겨울 네부타 축제를 즐길 준비를 했다. 잠시 후 아오모리 전통복장을 입은 사람들이 북과 전통 악기를 연주하며 흥을 돋우고, 몇몇은 관중들 앞에서 춤을 추며 시범을 보였다. 눈발이 날리는 와중에도 열심히 피리를 불고 북을 두드리는 리조트 스태프들 덕분에 금세 현장 분위기가 활기차게 변했다. 네부타 축제의 하이라이트는 "다 같이 랏세라!"라는 구호를 반복하며 음악에 맞추어 모두 춤을 추는 것인데, 엄청나게 눈이 내리는 가운데에도 많은 일본인들이 익숙한 몸짓으로 이 미니 축제에 동참했다. 나도 덩달아 신나서 노래를 따라했다. 처음엔 너무 추웠는데 열심히 동작과 구호를 따라하다 보니 어느새 몸이 더워졌다. 일본의 마쓰리를 꼭 구경해보고 싶었는데, 이렇게 경험해보니 진짜 8월의 네부타 축제도 꼭 보고 싶어졌다. 랏세라 노래가 끝나면 춤을 추던 전통복장의 사람들이 옷에서 작은 방울을 떼어 아이들에게 나눠줬는데, 이 방울이 복을 상징한다고 했다. 그래서인지 아이 어른 불구하고 많은 사람이 방울을 받기 위해 모여들었다. 하늘 위로 펑펑 터지는 불꽃놀이와 함께, 한겨울의 네부타 축제는 막을 내렸다.

북쪽의 시골 마을이라는 이미지를 벗어던지고 본격적으로 관광 자원 개발에 돌입한 아오모리는 2010년 12월 도호쿠 신칸센 개통과 함께 여러 면에서 새로운 전기를 맞았다. 아마 대지진이 없었다면 아오모리의 관광산업은 더 박차를 가할 수 있었을 텐데 아쉽기만 하다. 어쨌든 도쿄에서 아오모리를 잇는 도호쿠 신칸센 개통에 맞추어 아오모리를 대표하는 마쓰리 '네부타'의 전시관이 대대적으로 개장했다는 소식이 들려왔다.

마침 3월에 아오모리에 갈 기회가 생겨 오픈한 지 며칠 지나지 않은 따끈따끈한 전시관에 가게 되었다. 마침 방문했던 날이 일요일이라 그런지 평소엔 조용하고 한가로운 아오모리 시내가 간만에 인파로 복작복작 붐볐다. 전시관 안에도 사람들로 가득해서 모처럼 활기를 느낄 수 있었다. 사실 마쓰리 전시관이라는 설명에 별 기대 없이 갔는데, 붉은빛의 긴 철판이 부드러운 곡선으로 수없이 이어진 독특한 건물 외관부터 정신이 번쩍 들 만큼 멀리서도 눈에 띄었다. 로비에서 입장권을 사서 2층부터 1층으로 천천히 구경하며 내려오면 된다. 전시관에 막 들어서면 벽과 천장에 네부타의 역사가 비주얼하게 설명되어 있다. 완전히 암전된 실내에서 보는 네부타의 실제 모형들은 그 색채가 더욱 선명하게 보인다.

지난 1월 스키 여행 때 나쿠아 시라카미 리조트에서 잠시 경험했던 네부타 시범도 참 인상적이었는데, 이곳 전시관에서는 그야말로 네부타의 종결판이라 할 만큼 수많은 네부타 본체를 실감나게 만날 수 있었다. 해마다 열리는 네부타 축제에는 매년 다른 용이 선보이는데, 이를 위해 대회를 열어 가장 잘 만든 본체를 선발한다고 한다. 전시관에는 이 대회를 거친 수상작이 특별 전시되어 있다. 또한 여름에 열릴 네부타를 위해 제작된, 그러니까 아직 출전을 기다리고 있는 모형도 바로 이곳에 전시되어 있다.

가장 큰 용 모형의 경우 높이가 약 22m, 7층 건물에 해당할 만큼의 크기라는데, 실제로 보면 정말 압도적이다. 비슷한 듯하면서도 조금씩 다 다른 용의 표정을 관찰하는 것도 재미있고, 조명을 완전히 낮춘 상태에서 빛나는 네부타 용의 아름다운 색깔을 감상하는 묘미도 쏠쏠하다. 용 모형들이 너무너무 거대해서 뒷목을 잡고 한참을 구경하다 보면 2층에서 1층으로 자연스럽게 내리막길이 이어진다. 전시관 한 켠에는 네부타 축제에 쓰이는 듯한 북들이 일렬종대로 늘어서 있고, 전시장을 찾은 아이들은 아빠, 엄마와 함께 신나게 북을 두들기며 마쓰리를 체험한다. 함께 구경하던 우리 엄마도 무척이나 즐거우신 모양이었다. 전시관 내부가 매우 넓어서 거대한 네부타 용들이 여유롭게 전시되어 있었다.

드디어 어두컴컴한 전시관을 나오면 독특하게도 기념품 숍이 아닌 특산물 숍이 기다리고 있다. 물론 네부타 관련 기념품도 있지만, 아오모리를 찾은 외부 관광객을 위해 거의 공항 면세점 숍 수

● ● 익살맞은 표정의 탈을 진열해놓은 아오모리의 네부타 전시관.

준으로 다양한 농산물과 먹거리를 갖춰놓고 있다. 그야말로 체험학습도 하고 특산물도 구입할 수 있는, 로컬 문물 교류의 장인 셈이다. 여기서만 쇼핑하는 게 아쉬움이 든다면, 전시관 바로 옆에 있는 세련된 아오모리 물산관 'A 팩토리'를 방문해보자. 이곳도 개장한 지 그다지 오래지 않은 새로운 특산물 쇼핑센터인데, 시간이 없어 제대로 구경을 못한 게 두고두고 아쉽다. 전시관 밖에는 일요일을 맞아 먹거리 장터와 전통 공연이 한창이었다. 우리네 시골 장터 풍경과도 꼭 닮은 순박한 아오모리 사람들의 웃음에, 그 푸른 하늘에, 나도 모르게 들떠서 씨익 웃어 보았다. 아오모리는 머물수록 매력 있는 곳이다.

엔터테인먼트의 최고봉
유니버설 스튜디오 할리우드

테마파크는 아이들이나 가는 곳이라며 일정에서 과감히 빼버릴 25세 이상의 성인 여행자에게 추천하고 싶은 곳이 있다. 캐릭터나 어트랙션에는 관심이 없는데다 심지어 영화에도 그다지 취미가 없는 나를 완전히 감동시킨 테마파크 '유니버설 스튜디오 할리우드'가 바로 그곳이다. 세상에 존재하는 최고의 엔터테인먼트를 한 곳에 집대성한 유니버설 스튜디오 할리우드는 하루를 온전히 투자해서 둘러볼 가치가 있는 LA 강추 스팟이다. 비싼 티켓 값이 전혀 아깝지 않았던 미국 대중문화의 산실을 경험할 수 있는 기회다.

개인적으로는 영화 〈아바타〉도 3D가 아닌 2D로 봤을 정도로 디지털 영상에는 큰 흥미가 없었다. 하지만 유니버설 스튜디오에서 경험한 3D는 그동안 내가 가지고 있던 영화에 대한 관점을 완전히 바꿔놓을 만큼 충격적이고 흥미로웠다. 이곳의 여러 전용관에서는 할리우드의 대표 영화들을 3D로 상영한다. 하지만 단순히 입체 영상을 즐기는 것에 그치지 않고 어트랙션, 퍼포먼스, 4D 등을 접목해 다양하게 꾸며놓았다.

심슨 라이드가 만화보다 더 실감나는 가상현실 어트랙션이라면, 터미네이터는 3D와 실제 배우들의 실감나는 연기 장면이 교차하는 종합 퍼포먼스였다. 특히 심슨 라이드의 내부는 실제 만화

배경과 똑같이 꾸며놓아 놀라움을 더한다. 한편 슈렉 4D는 실제로 튀어나오는 물방울과 움직이는 의자 등으로 4D만의 즐거움을 덧입힌 체험이었다. 귀신의 집은 이보다 더 능동적으로 귀신과 마주치면서 할리우드 스릴러 역사를 되짚는 흥미진진한 코스다. 3D와 4D를 넘어 가상과 현실을 조합한 퍼포먼스까지, 이 모든 게 할리우드가 가진 가장 큰 재산인 캐릭터와 콘텐츠로 이루어진 것이라 생각하니 즐거우면서도 한편으로는 너무 부럽고 얄밉게 느껴질 뿐이었다.

깨알 같은 어트랙션 정복과 체험여행도 중요하지만, 여기에 왔다면 반드시 해야 할 단 한 가지를 꼽으라면 뭐니뭐니해도 할리우드의 백미 '스튜디오 투어'다. 약 1시간 정도는 줄을 서서 기다릴 각오를 해야 하지만, 세계를 움직이는 할리우드 영화 산업의 생생한 현장을 직접 볼 수 있는 흔치 않은 기회이기 때문에 전 세계 관광객의 독보적인 사랑을 받고 있다. 점심 먹을 시간도 아까워서 줄을 선 채로 핫도그를 먹으며 땡볕에서 불굴의 의지로 기다린 끝에 드디어 투어 버스에 오를 수 있었다. 스튜디오 투어의 입구에는 대기 시간이 전광판에 나오므로 덜 붐비는 시간에 가서 기다리는 것이 좋다.

스튜디오 투어는 약 2시간 동안 거대한 세트장을 버스로 천천히 돌면서 가이드의 자세한 설명과 함께 이루어진다. 뉴욕과 런던을 배경으로 한 영화들이 대부분 사용했다는 세트장은 실감나게 거리 풍경을 재현해놓았는데, 간판만 조금씩 바꿔서 두 도시를 모두 표현한다는 점이 흥미로웠다.

물론 내가 가장 좋아하는 미국 드라마 〈위기의 주부들〉 촬영장도 빼놓을 수 없다. 실존하지 않는 '위스테리아 가'가 바로 이곳에 있다니! 드라마 속 주인공들의 집들이 옹기종기 모여 있는 세트장에서는 미국 교외에 거주하는 중산층들의 삶이 그대로 재현된 듯했다. 촬영장 세트 집은 생각보다 크지 않고 아담했다. 드라마를 애청한 나와 같은 팬에겐 더욱 감격스러운 순간이었다. 이외에도 액션영화에서 많이 볼 수 있는 자동차 사고 현장도 실제 화재까지 그대로 재현된다. 추락한 항공기의 잔해를 그대로 전시해놓은 현장과 영화 〈사이코〉에 등장하는 배우의 재현 연기 버스를 좇아 따라오는데 순간 오싹해진다 까지 매 순간 영화 속에 있는 듯한 기분이 들게 한다.

야외 무대의 블루스 브라더스에서는 50~60년대 시카고를 보는 듯한 흥겨운 무대를 한참 동안 관람하며 미국의 정취를 느꼈다. 유명한 워터월드에서는 시원한 물쇼를 구경했는데 멋모르고 앞자리에 앉았다가 물벼락을 맞을까 전전긍긍했다. 가본 사람들은 잘 알겠지만 절대 앞자리는 피할 것! 시원하게 물을 뒤집어쓰고 싶다면 굳이 말리지는 않겠다. 이어서 남은 어트랙션을 타기 위해 아래층으로 내려가면서 바라다본 유니버설 스튜디오의 풍경은 정말 방대하고 압도적이었다. 수많은 어트랙션 중에서 영화 〈미이라〉에 등장하는 열차를 타는 것으로 신나는 모험여행을 겨우 마감했다. "1일권을 사면 다음 날 입장권 1장은 공짜로 드려요"와 같은 옵션 티켓도 있었는데, '테마파크를 왜 1박 2일씩이나 와야 하지'라는 의문은 투어

 절대 놓치지 말아야 할 여행 스팟은 따로 있다

가 마감될 때쯤 비로소 풀렸다. 시간 관계상 미처 경험하지 못한 쥬라기 파크와 그 외 여러 어트랙션이 있었지만 아쉬워할 틈도 없이, 게다가 쇼핑몰은 제대로 구경도 못한 채 발걸음을 돌려야 했다.

오전 10시부터 저녁 5시 30분까지, 벤엔제리의 큼지막한 아이스크림 먹을 때 빼고는 단 한 번도 쉬지 않아 전형적인 한국인의 표상을 보여준 나와는 달리, 외국 관광객들은 이곳에 숙소를 잡고 가족 단위로 놀러 와서 한가롭게 점심 식사도 하고 쇼핑도 즐기면서 스튜디오 시티의 가상 세계를 만끽하고 있었다.

특히 쇼핑몰인 시티 워크City Walk는 미국의 유명 패션 브랜드 매장이 빈틈없이 입점해 있을 뿐 아니라 LA의 시그니처를 담은 여행 기념품과 유니버설 스튜디오에서만 나오는 공식 기념품을 살 수 있는 알찬 쇼핑 스트리트다. 스튜디오를 떠나기 전에 꼭 한 번쯤 시간을 내어 돌아볼 만한 멋진 곳이어서 제대로 구경 못한 게 두고두고 아쉽기만 하다.

인생이 지루하다고 느낄 때, 혹은 여행 일정이 너무 밋밋해졌을 때 유명한 테마파크에서 하루 동안 잘 짜여진 이벤트를 누려보는 건 어떨까? 어른들은 문화적 콘텐츠의 진면목을, 아이들은 무한한 상상력을 생생하게 체험할 수 있는 알짜배기 여행으로 손색이 없을 것이다.

행복한 자유여행자
2인 토크 인터뷰

　　여행을 삶의 연장선이자 자기 발전의 도구로, 더 나아가 꿈을 이루는 수단이자 계기로 만드는 두 여행자의 생생한 경험담을 소개한다. 똑똑하게 즐기는 여행을 하는 그들의 이야기는 신선한 관점과 자극을 선사할 것이다.

　　스마트한 여행자의 모습을 통해 비용 대비 효율적인 여행, 개성 넘치는 여행을 위해서 우리가 무엇을 준비해야 하는지, 마음가짐은 어떠해야 하는지, 그리고 여행을 자신의 삶에 온전히 자리잡게 만들었을 때 얼마나 인생이 생기 넘치고 즐거워지는지 들여다보자. 그리고 이들처럼 여행 같은 삶을 누리게 될 자신의 멋진 미래를 상상해보자.

김영욱 이하 K

무역업 / 《여행하면 성공한다》 저자 ----------------------

서울대 공대를 입학할 때까지도 남들의 기준에 맞춘 모범생으로 살았던 그가 대학생이 된 후 세계를 여행하면서 새로운 삶의 방식에 눈뜬 계기를 들어본다. 현재 '여행을 통한 자기계발'을 주제로 책을 쓰는 한편 무역업에 종사하고 있는 그는 일상을 여행자 마인드로 살아가는 전천후 여행자다.

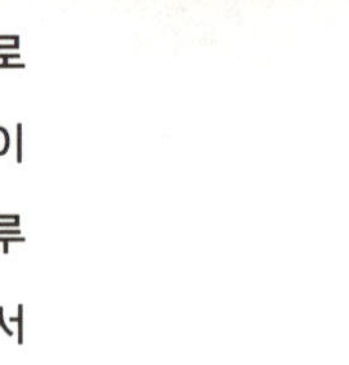

데미안 한가옥, 이하 D

여행 정보 서비스 트래블로 www.travelo.co.kr 콘텐츠 PD ------

기자로 커리어를 쌓다가 돌연 남미 콜롬비아로 떠나 투어 디렉터로 변신한 그녀는 국내에 몇 안 되는 남미 여행의 전문가로 통한다. 중동 여행기를 책으로 엮은 《바람구두를 신다》 출간 이후 3년간의 콜롬비아 생활을 마치고 한국에 돌아왔다. 여행 루트를 편리하게 짜주는 웹 서비스 '트래블로'의 콘텐츠 프로듀서이자 파워 블로거 mephisto9.tistory.com 로도 맹활약중인 그녀가 얘기하는 여행과 여행자, 그리고 장기 여행자로 쌓아온 남다른 노하우를 들어본다.

여행을 시작하다

여행자가 처음부터 여행자였던 것은 아닐 테니, 그들이 여행을 만나 적극적인 여행자로 변화해가는 과정이 궁금했다. 여행이 삶을 바라보는 관점을 송두리째 바꾸는 순간은 나와 그들 모두 다른 상황, 다른 시간에 찾아왔지만 그 다음은 비슷하다. 여행이 우리의 삶을 좀 더 행복하고 풍요롭게 만들어 주었다는 것과 출발부터 드라마틱한 여행과의 운명적인 만남이 있었다는 점이 그렇다.

Q 여행이 자신의 삶에 다가온 순간을 돌이켜보자. 어떻게 여행에 빠져들게 되었는가?

K 성장 과정부터 대학 입학 때까지는 어른들의 기준에 맞춰진 전형적인 모범생으로 살았다. 대학에 와서야 다양한 삶의 방식이 있다는 사실에 비로소 눈뜨게 되었고, 학교에서 여러 가지 동아리 활동을 하면서 여행도 그 즈음에 시작하게 된 것 같다. 대학 시절 처음 떠난 여행은 태국과 캄보디아 배낭여행이었고, 본격적으로 삶의 방식에 영향을 미친 여행은 두 번째로 다녀온 남서 유럽 여행이었다. 이탈리아와 스페인, 네덜란드, 프랑스를 돌고 왔는데, 스페인의 세비야에서 만난 네덜란드 친구와의 만남은 지금도 인상적인 기억으로 남아 있다.

근처의 한 식당에서 요리사로 일하는 그와 우연히 만나 맥주 한 잔을 기울이며 여행 얘기를 나눴는데, 자신은 네덜란드 출신의 요리사이면서 몇 개월 전부터 캠핑카를 몰고 여행하고 있다고 했다. 새로운 도시에 도착하면 맘에 드는 음식점 주방에 무작정 들어가서 요리를 시작한단다. 레스토랑 사람들이 "저 사람 뭐야! 누군지 알아?"라고 해도 일단 요리를 만들어 직원들에게 내놓으면 그날부터 바로 일을 시작할 수 있었단다. 그 도시에 있고 싶은 만큼 머물면서 요리사로 돈을 벌고, 또 그 다음 도시로 이동하는 삶을 살았던 것이다. 캠핑카에서 밤새도록 얘기를 나누면서 '아, 이런 식의 삶도 가능하구나'라는 시각의 전환이 처음으로 생겼다. 한국에도 점점 다양한 생각과 삶의 방식이 늘어나고 있지만 그런 사람을 실제로 만나는 건 쉽지 않다. 한국, 한국 사람, 이런 정해진 틀 안에서 선택하는 삶이 아니라, 세상에는 다양한 삶의 방식이 있으니 그 중에 원하는 걸 객관식이 아닌 주관식으로 골라서 살아야겠다고 결심했다.

D 나는 운명적이라고밖에는 표현을 못하겠다. 어릴 적부터 집에 세계지도와 지구본이 늘 곁에 있었고, 가족들이 여행을 좋아해서 매년 피서다 뭐다 해서 국내 여행을 많이 다녔다. 부모님께서 어릴 때부터 세계를 넓게 보라는 얘기도 항상 하셨고, 세계 테마기행 다큐멘터리를 좋아해서 여행을 생활처럼 당연하게 생각해왔다. 그리고 좀 엉뚱하지만 어릴 때 TV에서 미라 같은 걸 보면 귀신이라기보다는 왠지 사람 같고 친숙하게 느껴졌는데,

그때부터 '난 전생에 이집트에서 태어난 게 아닐까? 언젠가 이집트에 꼭 가볼 거야'라는 생각을 했다. 머리에 스카프를 두르고 밸리댄스도 곧잘 추고 상형문자를 공부하기도 했는데, 당시에는 뭔지 정확히 모르고 했던 것들이라 지금 생각해보면 신기하다.

중국어를 전공하면서 교환학생으로 중국에 가게 되었고 그때부터 본격적인 배낭여행을 시작했다. 주말마다, 방학 때마다 시간 나는 대로 중국 전역을 다니면서 여행이야말로 내 몸에 꼭 맞는 옷이라는 생각이 들었다. 그렇게 여행에 빠져들게 되면서 외국에 오랫동안 머물게 되었다.

Q 여행하며 살아가는 삶의 방식을 선택한 셈이다. 쉽지만은 않은 선택이었을텐데?

K 대학 졸업을 앞두고 전자공학이라는 전공과 앞으로의 삶의 방향에 대해 고민이 많았다. 지금까지 공부한 것이 아까워 흥미 없는 분야를 굳이 고집하기보다는, 좋아하는 여행을 하면서 그 안에 일도 있고 취미도 있는 삶을 살고 싶었다. 스스로가 만족할 수 있는 그림을 찾아 헤맨 끝에 현재 택한 길은, 무역업으로 돈을 벌고 책을 씀으로써 여행에 대한 생각을 나누는 삶이다. '여행'이라는 키워드를 중심으로 구성한 조합이라 할 수 있다. 인생을 전체 타임 스케일로 놓고 봤을 때, 대기업에 가서 열심히 10년, 20년 돈 벌어서 40대부터 진정으로 원하는 여행을 하면서 사는 게 아니라 처음부터 삶을 잘 설계하고 싶었다. 나중은 없다

고 생각한다. 누구나 돈 벌면 나중에 여행 많이 다니면서 살 거라고 말하지만 결국 그렇게 하지 못한다. 성공해서 여행하는 게 아니라 지금 당장 여행을 하면서도 동시에 성공을 향해 나아가고 싶은 것이다. 《여행하면 성공한다》에는 누군가 자신의 삶에 있어서 여행이 중요하다고 느낀다면, 성공을 이룬 이후로 미룰 것이 아니라 지금부터 하는 것이 성공에 다가갈 수 있는 길이라는 메시지를 담았다.

Q 데미안 님은 기자로 일하다가 돌연 남미로 떠나 여행업계에 발을 들이게 되었다. 콜롬비아로 떠나 여행 관련 일을 시작하게 된 본격적인 계기는 무엇인가?

D 인터넷 신문사에서 기자로 일하면서 글쓰기에 대한 스킬이 어느 정도 생기고 여행을 워낙 좋아하다 보니 '여행하면서 글 쓰고 살아야겠다'는 꿈을 자연스레 갖게 되었다. 본격적으로 여행업계에서 일해야겠다고 결심하고 한 유명 여행사에 입사 지원을 했다. 부서 면접을 하루 앞둔 날 그 회사의 담당자가 일정을 변경해서 면접이 하루 미뤄졌다. 근데 마침 그날 콜롬비아에 있는 친한 선배한테서 연락이 왔다. 몇 년 전 이집트 여행에서 만난 선배인데 여행에 대해 생각하는 바가 나와 비슷하고 평소에도 농담 반 진담 반으로 여행사를 같이 해보자고 얘기를 많이 나누었던 분이었다. 콜롬비아에 게스트하우스 겸 여행사를 차렸다며 오라는 연락이었다. 그날 운명적으로 면접을 바로 취소하고

콜롬비아로 가기로 결정했다. 그때만 해도 남미 여행 시장이 제대로 형성되어 있지 않았기에 콜롬비아에 조금 먼저 가서 여행 시장을 개척해보자는 비전으로 3년간 투어 디렉터로 일하게 되었다. 지금 돌이켜보면 모든 과정이 참 신기하기만 하다.

이후 귀국한 지금은 여행 루트를 짜주는 웹서비스 '트래블로'의 콘텐츠 프로듀서로 일하고 있다. 최근에는 '국내 맛집'과 '떠나요! TV 속 여행' 등의 스마트폰 어플리케이션을 런칭했다. 아무래도 한국에서는 여행 콘텐츠 자체를 유료로 인식하지 않기 때문에 다소 어려운 점이 있지만, 여행하고 글 쓰는 일이 꿈이었는데 트래블로에서 현재 하는 일이 정확히 그러한 포지션이어서 너무 만족한다.

Q 두 분 모두 출판시장에 자신의 이름으로 책을 선보인 '작가님'이시다. 여행을 향한 열정을 각기 다른 방식으로 세상에 선보인 셈인데, 전달하고 싶었던 메시지가 있다면?

K 여행을 중심에 놓고 인생을 살아가고 싶다는 마음에서 여행과 교육이라는 키워드를 연결하는 '라이프콤파스'라는 출판사를 직접 만들어서 《여행하면 성공한다》라는 책을 발행했다. 출판사의 시작은 강연회였는데, 라이프콤파스의 차별화된 이미지를 구축하고 유홍준, 김어준과 같은 주요 인사들과 네트워크를 갖기 위한 사전 작업이었다. 그리고 여행교육이라는 새로운 카테고리에 대한 사회적인 담론을 이끌어내기 위한 책이었다.

D 《바람 구두를 신다》는 콜롬비아에 가기 전 중동 지역을 여행했던 이야기를 담았다. 첫 책이라 애정은 있지만 그만큼 아쉬운 점도 많다. 콜롬비아 얘기를 본격적으로 풀어보고 싶었는데 타이밍이 맞지 않아서 두 번째 책은 아직 쓰지 못했다. 원래부터 글 쓰는 일을 좋아해서 블로그에도 감성적인 여행기를 많이 쓰고 싶지만 그만큼 에너지가 많이 들어간다. 한 줄 쓰는 데도 고민하게 되고 매끄럽게 와 닿는 문장을 써야 하는데 아무래도 전직 기자 출신인지라 말랑말랑한 얘기는 쓰기가 어렵다. 특히 콜롬비아에서는 여유가 없다 보니 여행 정보를 주로 담은 블로그를 시작해 지금까지 오게 됐다티스토리 여행 부문 우수 블로그 선정. 블로그에는 콜롬비아에서 직접 경험한 남미 여행의 많은 정보와 에피소드가 담겨 있다.

여행을 준비하다

두 여행자와 대화를 하다 보니 점점 공통점이 보인다. 특히 보통 사람들에 비해 떠나기 전의 준비 단계가 유별나며, 단순히 여행용품이나 가이드북을 구입하는 행위와는 전혀 차원이 다르다는 것. 왜 여행을 앞두고 그들은 춤을 배우고 운동을 배우고 악기를 배우는 걸까? 여행지에서 보내는 시간의 가치를 아는 이들이 소개하는, 특별한 여행 준비 노하우.

Q 해외여행을 떠날 때 명확한 테마와 일정을 잡고 준비를 많이 하는 것으로 알고 있는데, 특별한 이유가 있는지? 자신만의 여행 준비 철칙이 있다면?

K 여행 준비의 스타일은 여행을 대하는 자세와 깊은 관련이 있다. 사실 여행이라는 게 각자의 스타일이 있고 정답은 없지만 나는 준비를 많이 하는 여행을 추구한다. 아무런 계획 없이 떠나는 여행도 충분히 낭만이 있고 재미있을 수 있다. 하지만 자유롭게 정처 없이 떠나는 게 반드시 자유로운 여행은 아니다. '준비된 자유', 즉 준비할수록 여행에서 더 자유로울 수 있다는 게 내 생각이다. 모든 걸 풍부하고 철저하게 준비한 여행에서는 그 정보를 바탕으로 더 넓은 선택지 내에서 움직일 수 있으니 더 자유로워진다. 그게 틀이 되고 독이 되지만 않는다면 준비된 정보를 활용해서 더 자유롭고, 더 많은 것을 보고, 더 알찬 여행을 할 수 있다. 준비된 여행자라면 충분히 즐길 수 있는 중요한 것들을 놓치고 돌아가는 이들을 볼 때마다 조금은 안타깝다.

D 나도 동의한다. 특히 중국어 전공자다 보니까 중국 여행을 오래 하면서 언어의 중요성을 온몸으로 느꼈다. 어느 나라를 여행하든 꼭 준비해야 하는 첫 번째 사항은 언어라고 생각한다. 콜롬비아에서 일할 때도 "저는 지도만 보고 돌아다녀요. 준비 하나도 안 하고 무작정 왔어요"라는 말을 자랑처럼 하는 한국인을 만날 때마다 너무 안타까웠다. 그건 용기가 아니라 더 많은 것

을 보고 느낄 수 있는 가능성을 스스로 포기하는 거나 다름없다.
"말 못해도 다 통해요. 바디랭귀지는 세계 공용어예요"가 적용되
는 지역도 있지만, 남미나 중국은 특수한 나라이고 도시에서 조
금만 벗어나도 말이 전혀 통하지 않는다. 특히 나는 장기 체류 여
행을 좋아하고 현지인과의 소통이 여행에 가장 중요하다고 보는
데, "영어 못해도 여행 충분히 해요"라는 말을 들으면 "그건 자
랑이 아니에요"라고 말해주고 싶다. 물론 여행에서 말이 통하지
않는 상황이 분명히 있지만, 여행을 풍요롭게 만들 수 있는 가장
기본적인 것은 언어다. 간단한 인사말 몇 마디라도 준비하는 것
과 안 하는 것은 여행에서 커다란 차이를 만들어낸다.

**Q 여행에서 언어가 차지하는 비중과 역할은 어떤지 개인적인
생각을 듣고 싶다.**

K 그 나라 언어를 하나도 몰라도 여행은 할 수 있다. 예
멘에서 아랍어 한마디 못하면서 3주 동안 여행했다거나, 중국 상
하이에서도 영어가 전혀 통하지 않아서 불편함을 감수했던 경험
은 결코 자랑이 아니다. 자신의 노력이 부족해서 미리 못 배우고
간 것이다. 여행 초보 때는 언어에 대한 두려움이 크지만 그럴수
록 여행 지능이 점점 발달해서, 눈치만 있어도 기본적인 의식주
를 해결할 수 있기 때문에 언어에 대한 중요성을 더 놓칠 수 있
다. 만약 여행을 무사히 다녀오는 '서바이벌'이 목표라면, 언어가
크게 중요하지 않을 수 있다. 하지만 여행의 목적이 보다 풍요로

운 경험을 위한 거라면 언어는 매우 중요하다. 사람과 만나서 서로 통할 수 있는 도구가 언어이기 때문에, 미리 배우고 준비해 가면 여행은 더 즐겁고 풍요로워진다.

특히 영어는 잘하면 잘할수록 좋다고 생각한다. 개인적인 영어 학습의 목표는 '여행 다니면서 만난 사람들과 깊은 얘기를 나누자'는 것이다. 그런 의미에서 영어권에서 태어난 사람들이 한없이 부럽다. 한국인은 외국에서 얘기를 하려면 나의 영어 수준에 따라 대화의 폭이 한정되어 있지만, 내가 영어를 잘한다면 상대방이 할 수 있는 만큼 대화의 깊이를 이끌어 낼 수 있다. 현재 한국의 영어 교육이 출세의 수단으로 변해 무조건적인 강요로 이루어지는 것은 큰 문제지만, 소통 수단으로서의 영어는 여행자에게 든든한 무기임은 사실이다.

Q 디테일한 여행 준비 노하우를 알고 싶다. 실용적인 여행을 위해 어떤 준비를 하나?

K 여행 준비에도 여러 가지가 있겠지만 가장 첫 번째로는 여행하기 위한 기본적인 정보의 준비, 즉 교통편과 볼거리, 맛집 등 가이드북에 나오는 일반적인 여행 정보를 들 수 있다. 두 번째는 책이나 영화로 얻는 여행지에 대한 폭넓은 배경지식이다. 몇 년 전 예멘에서 사우디아라비아, 두바이에 걸친 아라비아 반도를 여행하기 전에도 단순한 정보 준비를 떠나 아랍 문화에 대한 기본적인 공부를 했다. 이슬람은 종교, 중동은 지역, 아랍은

민족을 뜻한다는 기본적인 상식도 너무나 생소했기 때문에 여행지에 대한 사전 준비 차원에서 열 몇 권의 관련 책을 찾아서 읽고 영화도 보는 등 나름의 노력을 했다. 보통 초보 여행자는 첫 번째 기본 여행 정보를 큰 비중으로 생각하고, 여행 준비를 좀 많이 하는 사람들은 두 번째 단계도 함께 준비한다.

나에게는 한 단계가 더 있는데, 그곳을 여행하면서 현지인과 소통을 잘할 수 있게 도와주는 여러 수단을 배우는 것이다. 세 가지 모두 다 준비를 하지만 여행을 많이 하면 할수록 첫 번째보다는 두 번째, 두 번째보다는 세 번째에 좀 더 시간을 투자하게 된다. 다음엔 어떤 콘셉트의 여행을 갈지 미리 계획을 세우고, 원하는 것을 선택해 꾸준히 배우는 삶을 살고 있어야 가능한 일이다.

지난 2010년에 남미 콜롬비아 여행을 갈 때 가장 오랜 시간을 투자한 건 스페인어와 살사 배우기였다. 스페인어는 1년 6개월 정도, 살사 춤은 6개월 정도 배웠다. 대학 시절 갔던 유럽 여행 중 스페인에서 라틴 문화의 문화적인 향기가 좋아서 매료되었다. 그때부터 라틴 계열의 음악을 즐겨 들었던 게 살사를 배우는 동기가 되었고, 살사가 스페인어로 연결되면서 자연스럽게 콜롬비아 여행으로 이어졌다. 내게 여행이란 이런 모든 것들을 다 배워보고 싶다는 개념이 포함된 것이다. 여행을 떠나기 전에 그들의 문화를 배우고, 여행을 가고, 여행 이후의 여운이 모두 한 덩어리로 묶여 있는, 여행과 일상이 밀착된 삶이 내가 추구하는 방향이다. 사실 자기 발전이라는 게 따로 있는 게 아니라 여행을 준비하는 것 자체가 배움의 과정이다.

D 나의 여동생은 얼마 전 네이버에 '달리자 호주'라는 웹툰을 연재했다. 서호주 워킹 홀리데이 얘기를 만화로 연재한 것인데, 인기가 꽤 좋아서 베스트에도 올랐다. 일러스트레이터 이자 웹툰 작가다 보니 여행에서 재미있는 일이 더 많이 생기더라. 어딜 가도 스케치를 습관적으로 하고, 귀여운 꼬마를 보면 캐리커처를 그려주고 말 걸다 보니 현지에서 사람들과 금방 친해진다. 온 세상이 다 자기 것 같다나? 커뮤니케이션의 시작을 그림으로 한다는 점이 신선하게 다가왔다. 언어권이 다른 친구들과 분위기를 좋게 만들거나 친해지고 싶을 때 그림을 그려주는 것

● ● 패러글라이딩을 만끽 중인 데미안.

처럼, 누구나 잘하는 게 하나씩은 있을 테니 여행 때 특기나 취미를 충분히 이용하는 게 요령이다.

내 경우는 수지침을 할 줄 알아서 여행 시 비상용으로 항상 가지고 다닌다. 숙소에는 꼭 아픈 사람이 하나씩 있으니 그때 침을 놓아주면 친해진다. 서양인들은 사실 아플 때보다는 신기해서 놔달라는 경우가 있는데, 이런 문화적 차이가 큰 이야깃거리가 된다. 또 요즘 사진 못 찍는 사람은 없으니 "오늘 어디 갔다 왔니? 내가 찍은 사진 구경할래?"하면서 카메라로 대화를 트면 금방 친해진다. 한국 식으로 폭탄주를 만들어주거나, 한국 과자나 차 티백 하나를 건네도 이야기가 시작된다. 아무런 개인기가 없다면 '리액션'을 최대한 활용하라. "야! 이거 진짜 맛있다. 너무 신기해!"하는 감탄사 말이다. 남들이 우리를 어떻게 볼지 신경 쓰는 현상은 온 인류의 공통점이다. 현지인들은 자신들의 문화에 감탄하면 정말 좋아하고 금세 마음을 연다.

Q 양질의 여행 정보를 찾는 노하우 좀 공유해주면?

D 중국 여행 초창기에는 가이드북이나 관련된 책을 무작정 읽었다. 가이드북인 《론리 플래닛》, 현지어로 된 현지 가이드북부터 시작해서 도서관에 있는 중국과 관련된 모든 책들을 닥치는 대로 읽었다. 하다못해 여행과 아무 상관없는 역사책, 유머집도 읽다 보면 여행지에 대한 분위기가 머릿속에 대충 그려지고 가고 싶은 곳에 대한 감이 대략 잡히게 된다. 예를 들어 '북

경'하면 모든 사람이 가는 곳이 천안문, 만리장성이고 맛집 코스도 딱 정해져 있는데, 다양한 책을 읽다 보면 상대적으로 덜 알려진 곳에 대한 정보가 눈에 띈다. 후통 같은 곳은 당시에는 관광명소가 아니었지만 책에 묘사된 골목의 풍경을 상상하면서 내 감성과 맞아 가보고 싶다는 생각이 들었다. 실제로 현지인이 추천해주기도 했는데 직접 가보고 마음에 들었던 기억이 있다. 개인적으로는 조용하고 여행자가 많이 안 가는 곳을 선호하는데, 그렇게 나만의 좋은 스팟을 하나둘씩 모으다 보면 반드시 마음에드는 여행 루트가 짜여진다. 맛집이든 명소든 자기만의 취향을찾는 것이 중요하다.

K 여행에는 답이 없고 각자 스타일이 있기 때문에 어떤식으로 여행을 하라는 조언은 주제넘은 짓이다. 다만 나는 여행이든 식사든 최대한 선택지를 넓혀놓고 그 중에서 고르는 편이다. 한국 여행자들은 선택지를 충분히 넓혀놓지는 않는 것 같다. "이것저것 다 먹어보고 이게 제일 맛있어!"가 아니라, "먹어본게 이거밖에 없지만 이게 제일이야!"라는 식이다. 아직 안 먹어본 게 많고 그 중에 내게 맞는 게 있을지도 모르는데 말이다. 아무래도 한국에 해외여행 시장이 생긴 지 얼마 안 되어 아직 여행문화가 충분히 다양해지지 않았다고 본다. 이것저것 다양하게 해보고 찾아가는 유럽인들처럼, 자주 여행을 해보면서 자신만의 창의적인 여행 스타일을 찾는 과정이 필요하다.

Q 여행의 테마나 키워드를 정할 때도 남다른 방식이 있던데, 그 과정을 알고 싶다.

K 몇 년 전 모 기업에 제안을 하기 위해 남미 여행 프로젝트를 기획한 적이 있었는데, 남미 대륙을 '사랑'의 대륙으로 정의했다. 한국과 지리적으로 지구 반대편에 있고, 삶에 대한 생각도 정반대인 그들을 '사랑'이라는 키워드로 보여주고 싶었다. 한국인도 당연히 사랑을 원하지만 인생의 우선순위에서는 돈보다 뒤로 밀리고, 결혼 문화도 너무 보수적이다. 한마디로 한국에서는 사랑과 연애가 일보다 덜 중요한 가치이다. 우리의 반대급부로 남미 사람들이 '사랑'을 대하는 방식을 살펴보고 새로운 사회적 이슈를 이끌어내고 싶었다. 그 프로젝트가 결국 성사되지 못해서 콜롬비아 여행에 반영하게 됐다. 데미안 님처럼 오랫동안 머무른 건 아니지만, 나도 2010년 가을에 1개월간 콜롬비아를 다녀왔다.

본격적인 여행을 떠나기 직전에는 스탕달의 저서《연애론》에서 상세한 힌트를 얻었다.《연애론》은 '영국의 사랑에 관해, 프랑스의 사랑에 관해' 등 세계 각국 사람들의 연애 스타일을 관찰하면서 그 나라의 문화와 사람을 해석한 책이다. 사실 사랑은 어느 나라에도 공통적으로 적용되는 키워드로, 인간의 가장 보편적인 감정이고 가장 많이 하는 활동이기도 하다. 비록 경제적으로는 어렵지만 인생에서 사랑을 너무나 중요하게 생각하는 콜롬비아 사람들에게 있어서 삶을 행복하게 만드는 가장 중요한 키워드는 춤과 음악, 그리고 사랑이다. 실제로 여행을 가보니 나의 테마가 너무나 적절했음을 알게 됐다. 그들은 내 예상보다 훨씬 더 정열적이고 개방적이고, 삶이 곧 사랑 그 자체인 사람들이었다.

케이프타운 여행을 앞두고는 키노트를 사용해 다이어그램 방식으로 여행 기획서를 정리해보았다. 어떤 여행지든 간에 관련 키워드는 상당히 많고, 카테고리로는 잘 나눠지지 않아 상하관계나 연관 관계를 분류하는 게 어렵기 때문에 체계적으로 생각해보고 싶었다. 케이프타운에서는 아웃도어, 와인, 자연 등 총 10개의 키워드를 뽑았는데, 워낙 풍요로운 곳이라 다른 여행보다 테마가 많은 편이었다.

Q 스마트폰을 여행에 활용하는 사례가 점점 늘어나고 있다. 어떻게 보는가?

D 앞으로도 폭발적으로 늘어날 거라고 확신한다. 불과 2~3년 전에 비해 스마트폰 사용자가 너무나 많이 늘었다는 것을 느끼곤 하는데, 2010년에는 콜롬비아에서도 대부분의 여행자가 스마트폰을 가지고 들어왔다. 당시 남미의 많은 나라가 와이파이가 잘 안 되는데도 불구하고 말이다. 지금은 유럽은 물론이고 동남아 산골짜기 마을도 와이파이만 되면 스마트폰을 활용할 수 있기 때문에 앞으로도 스마트폰 유저는 늘어날 것이다. 많이 사용할수록 관련 기능어플리케이션도 더 많이 나올 테고, 여행 루트, 항공기 검색 등 다양한 여행 어플리케이션이 있다. 현재 모바일

어플리케이션을 만드는 회사에서 일하다 보니 알게 된 사실인
데, 여행자들은 스마트폰을 대부분 여행 노트, 기록의 용도로 쓰
는 경우가 많았다. 위치 기반이나 검색보다는 기록 용도로 쓰는
비율이 압도적으로 높았다. 이유는 인터넷 연결이 안 될 때도 쓸
수 있고, 저장해 두었다가 블로그나 트위터에 실시간으로 내보낼
수 있는 빠르고 간편한 방법이기 때문이다. 어떻게 보면 아날로
그 방식의 일기가 모바일로 옮겨간 것뿐이다. 앞으로는 더 예쁘
게 여행 후기를 저장하고 공유할 수 있는 여행 노트가 많이 생길
듯하다.

여행을 떠나다

이 책에서 말하는 여행은 '해외여행'이고, 기본적으로 언
어와 문화가 다른 지역으로 떠나는 여행을 전제로 한다. 또한 현
지인과 현지 문화를 적극적으로 받아들이려는 자세의 중요성을
여러 번 언급했다. 여행이라는 단어만 꺼내도 표정이 금세 환해
지는 두 여행자에게 물었다. 어떤 기억들이 당신들을 웃게 만드
는지, 그리고 행복한 여행의 추억을 만들기 위한 여행자의 마음
가짐은 어떠해야 하는지.

D 나는 "말이 통하지 않지만 아이들의 순수한 눈망울만 봐도 감동이 온다"는 여행작가들의 표현이 잘 와닿지 않는다. 여행에서 알게 된 한 스웨덴 사람이 해준 얘기가 있다. 그 친구가 네팔어 몇마디를 미리 외워서 네팔 여행을 갔는데, 아이들이 맑은 눈망울로 자신에게 건넨 말의 뜻을 나중에 알고 보니 "돈 달라, 나 배 고파"였단다. 그 여행을 계기로 그 친구는 네팔에 살면서 언어도 배우고 봉사활동도 하면서 그곳을 더 좋아하게 되었다. 여행지에 대한 잔인한 현실을 맞닥뜨리면서 환상을 깨는 것이 좋을 수 있고 아닐 수도 있겠지만, 여행을 순간의 일탈로 소모하기보다는 다른 세상에 대한 관심을 갖고 내 삶을 함께 변화하는 계기로 삼으면 더 좋을 것 같다.

여행에서 가장 중요한 것은 사람과의 소통이다. 어떤 사람을 만나냐에 따라 여행지가 단순히 지나가는 곳일 수도 있고 평생 잊지 못할 곳이 될 수도 있다. 그래서 현지인과의 커뮤니케이션이 여행의 맛을 결정하는 가장 중요한 사항이다. 원래 내 성격은 밝은 편이지만, 먼저 말을 걸 만큼 변죽이 좋은 편은 아니었다. 그래서 더 여행을 열심히 다니면서 적극적인 태도를 많이 익혔다. 일단 여행을 시작했다면 내가 먼저 여행에 대한 예의를 차려야 한다고 생각한다. 억지로라도 웃고 먼저 인사하는 게 모든 소통의 시작이다. 여행 준비할 때 가장 먼저 가방에 담아야 할 것은 이런저런 여행용품이 아니라 '미소와 인사'다. 내가 가만히 있는데 먼저 말 거는 사람은 반드시 목적이 있거나 충동적으로 접근하는 것이다. 건전한 사람, 내가 끌리는 사람을 만나고 싶다면 먼저 소통하려는 자세가 기본이다.

Q 그렇다면 여행지에서 만난 현지인과 쉽게 친해질 수 있는 방법이 있는가?

D 별거 없다. 다 알아도 계속 관심 가져주고 물어보면 금방 친해진다. 식당에 가면 뭐가 맛있는지, 양이 얼마나 나오는지, 무슨 고기인지 물어보고 관심을 가져주면 외국인이니까 호기심에 더 잘 기억해주고 금방 친해진다. 같은 식당에 이틀만 연달아 가도 단골손님이 될 수 있다. 그때부터는 살아 있는 정보들이 저절로 나온다. 사는 얘기 나누면서 가까워지고 정말 친해지면 집에 초대를 받기도 한다. 대화가 서툴면 한국에서 가져간 비상식량 초콜릿 같은 거 하나씩 나눠주고 같이 먹다 보면 친해질 수 있다.

그래서 나는 여행지에서 흔히 만날 수 있는 장사치^{소위} 삐끼들의 접근을 굳이 거부하지 않는다. 지금 머물고 있는 숙소 주인과 좀 친해져서 대략의 시장 가격을 파악하고 다음 도시로 옮겨가서 흥정을 한다. 내가 현지 시세를 대충 아니까 속지 않을 수 있다. 미리 파악한 현지 가격에서 크게 벗어나지 않으면 일단 함께 가서 방을 보겠다고 한다. 오지 지역에는 찬물만 나오는 숙소도 많기 때문에 물도 틀어보고 방도 본 후 최종 흥정을 마친다. 숙소 주인한테 동네에 "네가 가는 맛집 어디 있냐?"고 물어보다 보면 자연스럽게 알찬 여행이 된다. 이렇게 현지인들과 계속 커뮤니케이션하는 이유는, 가장 정확한 정보는 현지인에게서만 얻을 수 있기 때문이다. 그래서 현지어로 인사를 먼저 건네는 여행자의 태도는 정말 중요하다. 항상 상대방이 웃든 안 웃든 무조건 내가 먼저 인사하는 것, 이는 내가 여행하면서 가장 크게 배운 한 가지다. 인사 한마디 알고 모르는 게 여행에서는 큰 영향을 미친다. 당연히 처음엔 모든 게 두렵고 얼굴이 굳어지기 십상이다. 특히 한국인들은 부딪히면 "미안하다", 길 알려주면 "고맙다"는 말을 잘 못하는 편인데, 기본적으로 연습을 꼭 해야 한다고 본다.

Q 특별한 현지인과의 에피소드가 있는지?

K 예멘은 외국인도 없고 해외 기업도 거의 안 들어와 있어서 영어가 전혀 통하지 않았고, 아랍어 역시 전혀 모르는 상태에서 여행을 하게 되었다. 어느 날 남부 해안 도시의 작은 식당에서 점심을 먹고 있는데, 테이블 옆에 남자 2명이 마침 영어를 약간 해서 이런저런 얘기를 하게 되었다. 어쩌다 보니 그들과 함께 차를 타고 교외로 나가서 몇 시간을 재미있게 놀았다. 그런데 이 친구들이 그 지방의 어부들과 함께 일하는 사람들이라 내일 낚시가 있는데 내게도 1박 2일로 함께 가자고 제안을 해왔다. 그렇

게 가게 된 곳이 관광객은 물론 현지인도 별로 없는 한 해안가였다. 내가 그 지방에 유일한 동양인이어서 비록 말은 통하지 않았지만 꽤 유쾌한 시간을 보냈다. 함께 낚시도 하고 무인도 가서 수영도 하고, 밥도 해먹었던 즐거웠던 기억으로 남아 있다.

그들은 내게 "너 너무 용감하다. 이슬람 국가에서 말도 안 통하는데 모르는 우리를 믿고 따라오는 것도 그렇고, 1박 2일로 여행가자고 할 때도 거절하지 않은 네가 신기하다"라고 말했다. 혼자 자유롭게 여행하다 보면, '여행 지능'이라는 게 생긴다. 처음 접해보는 문화권 사람의 의중이나 위험한 사람인지를 파악하는 능력이 경험을 통해 키워지는 것이다. 나는 원래 철저히 준비해놓고 모험하는 스타일이라 충동적인 행동은 잘 하지 않는다. 그동안의 경험으로 미루어볼 때 나쁜 사람 같지 않다는 판단이 섰기 때문에 따라나섰던 것이다. 물론 마지막 결단에는 용기가 필요했다.

Q 여행지에서 주로 현지인들을 만나는 장소나 반드시 가는 곳은 어디인가?

K 나는 어느 나라를 가든 대학 캠퍼스에는 꼭 간다. 대학 캠퍼스는 그 나라에서 영어가 제일 잘 통하는 젊은이들이 많고, 외국인에게 친근하며 자유롭고 열려 있는 분위기여서 현지인을 사귈 수 있는 가장 확실하고 안전한 곳이다. 현지인 친구를 사귀게 되면 여행 일정이 훨씬 풍성해질 수 있기 때문에 주로 여행

초반에 가는 게 좋다. 콜롬비아에서도 한 명문대를 방문했는데 마침 캠퍼스 정문이 닫혀 있고 사람들이 담벼락에 쭉 앉아 시위하는 중이었다. 구경하다가 한 무리의 학생들과 둘러앉아 얘기를 하게 됐는데 이들이 운 좋게도 언어학과 학생들이었다. 기본적으로 영어를 잘하고 외국 문화에 대한 호기심이 많은, 외국에서 사귈 수 있는 최고의 친구를 만난 셈이다. 그날 오후 내내 그들과 함께 노닥거렸으니 어쩌면 현지 신문에 찍힌 시위 장면에 내가 나왔을지도 모른다. 어쨌든 수업이 없으니 맥주 한잔하면서 함께 어울리게 되었고 누군가의 집에 초대받아서 파티도 가고, 그 도시에 있던 며칠 동안 정말 즐거운 시간을 보냈다.

D 나는 재래시장에는 꼭 가고, 자연을 좋아해서 산이나 사막이 있으면 찾아간다. 많은 여행을 하다 보니 자연스럽게 끌리는 곳들이다. 우선 시장은 여행지의 분위기를 가장 잘 알 수 있는 곳이고 진짜 땀냄새 나는 삶의 모습을 만날 수 있는 곳이다. 나는 외국 친구가 한국에 와도 가장 먼저 재래시장에 가서 길거리 음식을 맛보게 해준다. 그래서 인위적으로 꾸며진 관광지는 별로 좋아하지 않고, 아예 관광지가 없는 마을이나 일반 거주자들이 있는 동네를 더 선호한다. 콜롬비아에서도 주요 관광 명소 중심으로 여행상품을 만들지만, 내가 여행할 때는 아무도 모르는 현지인 동네로 다니곤 했다.

그리고 로컬 숙소에서 묵는 걸 좋아한다. 예를 들면 남미 스타일로 지어진 전통 숙소, 중국에서는 전통 가옥 구조로 지어진 게스트하우스 같은 곳을 의미한다. 우리나라로 치면 한옥으로 지어진 게스트하우스 정도? 그리고 현지인이 운영하는 민박집에 가면 자기 집을 개조한 숙소가 딸려 있는 곳이 많은데 현지인들 삶의 모습이 그대로 담겨 있다. 운 좋으면 그들과 밥도 같이 먹고 생활하면서 여행할 때도 있다. 여행자보다는 현지인들이 많이 가는 숙소를 좋아하는데 아무래도 장기여행을 좋아해서 더 그런 것 같다.

● ● 데미안이 요르단 여행 중에 촬영한 낙타.

D 외국에서 오래 일하며 만난 수많은 한국 여행자들의 가장 큰 특징은 돈을 너무 잘못 쓴다는 것이다. 어려운 나라에서 물건을 살 때는 작은 돈에 인색하면서 면세점 명품 쇼핑에는 돈을 아끼지 않는, 한마디로 써야 할 데는 안 쓰고 쓸데없는 데 낭비하는 성향을 많이 봐왔다. 특히 저렴하게 여행했다는 걸 자랑처럼 내세우는 '진상' 여행자, 최소한의 책임의식과 건강한 소비의식이 없는 사람이 너무 많았다. 투어디렉터로 일하면서 가장 힘들었던 부분은 아무리 저렴한 여행지로 루트를 짜줘도 계속 '더 싸게'만 요구하고, 위험을 무릅쓰고라도 무조건 저렴한 숙소와 루트를 찾는 여행자들과 부딪힐 때였다.

남미의 경우 한밤중에 역에 도착해서 숙소까지 올 때는 치안이 좋지 않기 때문에 버스보다는 택시가 더 안전하다. 그런데도 꼭 두 시간을 걸어오는 사람들이 있는데 대부분 한국 사람이다. 콜롬비아의 수도 보고타의 필수 관광명소로 국보급인 보떼로 미술관, 황금 박물관이 대표적인데 대부분 입장료가 무료이거나 저렴하다. 이 외에도 좋은 전시회나 살사 쇼가 열려서 다양하게 추천을 해주지만 대부분은 돈이 든다며 가지 않는다. 심지어 페루 갈 때 마추픽추 가는 교통비가 아까워서 안 가는 사람도 봤다. 현지에서 심하다 싶을 정도로 야박하게 돈 쓰는 한국인을 보면서 여행의 목적이 '서바이벌' 이상도 이하도 아니라는 생각이 들었다. 남미나 중동, 아시아를 주로 여행하다 보니 나는 한국에서 운 좋게 태어나 여유가 있어서 그 여행지에 왔지만 그들은 외국인을 처음 보는 경우도 많다. 그런데 사람들의 그런 모습에서 여행하면서도 그들에게 미안함을 많이 느낀다. 한국 여행자들이 현지에서 너무 작은 돈을 깎거나 그곳에서만 할 수 있는 경험을 돈 때문에 놓치지 않았으면 좋겠다.

여행을 말하다

롤프 포츠의 《베가본딩Vegabonding》이라는 책에는 이런 구절이 있다. "패키지 상품을 선택하는 것은, 당신 모습을 확인해보려 거울을 사지만 그 거울을 진정으로 들여다볼 틈을 갖지 못하는 것과 같다." 그렇다면 어떤 여행에 도전해야 우리의 삶을 좀 더 명료하게 들여다보고 풍요롭게 꾸려갈 수 있을까? 두 여행자의 시선으로 바라보는 지금의 여행, 그리고 앞으로의 여행에 대해 들어보자.

Q 평소 남다른 라이프스타일이 여행에서 받은 영향 때문으로 보인다. 여행으로 달라진 취향이 있는지 궁금하다.

K 여행자는 취미가 많을 수밖에 없다. 나도 그렇다. 물론 가짓수가 많다기보다는 일단 건드려보는 취미가 많다는 뜻이

다. 모든 생물은 진화하는데, 취향에도 진화가 있는 것 같다. 진화론에서 보면 여러 종의 생물이 있고 풍부한 풀 속에서 수많은 것이 생기고 없어지면서 어떤 종만 살아남는 것처럼 취향도 여러 후보를 직접 해보면서 진정으로 좋아하는 것들이 살아남는다고 본다. 이때 진화론에도 많은 종이 필요조건인 것처럼 취향도 풍부한 후보군이 있어야 그 중에 내게 꼭 맞는 취향을 선택할 수 있다. 여행은 이 취향 리스트를 제공하는 데 가장 효과적인 방법이다. 옛날에 서양인들이 페르시아와 중국에서 다양한 향신료를 접하면서 자신들의 음식에 응용해 오늘날에 애프터눈 티가 영국인의 취미가 되었듯이, 여행을 통해 세상에 널린 많은 취향을 만나고 한국에 가져와서 진화를 시키다 보면 나에게 맞는 것들이 찾아진다. 그렇게 나의 리스트는 점점 풍부해졌다.

D 나는 중동 여행 이후 밸리 댄스를 오랫동안 배웠는데, 콜롬비아에 사는 동안 한동안 못하고 있다가 요즘 다시 학원에 나가고 있다. 나중에 밸리 댄스 가르치는 강사가 되어 자유롭게 돌아다니면서 살고 싶다.

Q 외국여행에서 얻은 노하우로 풍요로운 일상을 꾸려가는 사례를 자세히 소개해준다면?

K 최근 몇 년간 인테리어에 취미가 생겼는데, 내 방에는 친구들이 놀러 와서 간단하게 술 한잔 할 수 있는 미니 냉장고와

바를 작게 꾸며놓았다. 바의 이름은 '아라비안 데낄라'다. 좀 유치하지만 아랍과 라틴을 대표하는 두 테마를 조합한 이름이다. 방을 꾸밀 때 아랍 여행에서 사온 물담배와 오래된 카펫을 놓고 패브릭과 방석으로 장식했다. 예멘이나 사우디아라비아를 여행하면서 카펫 가게에서 물담배를 피는 그들의 사교 문화 공간을 재현하고 싶었다. 아직 설치를 못했는데 아랍에서 선물로 받아온 향을 피워놓고 어울리는 조명도 함께 놓고 싶다. 그때 헤나 가루도 좀 사왔는데 빨리 시술법을 배워 친구들한테 해주고 싶어서 바 메뉴판에도 적어 놓았다. 내 바의 메뉴판에는 '예멘식 짜이'라는 메뉴가 있는데, 여행 때 민트잎을 띄워서 마시는 차를 접하고 직접 만들어 마신다. 여기에 라틴 음악을 많이 틀어 이국적인 분위기를 즐기곤 한다. 내게 인테리어는 여행에서 얻어온 요소를

● ● 여행의 흔적이 그대로 스며 있는 김영욱의 방.

조합해서 구성하고 편집하는 공간을 즐기는 일련의 과정이다.

여행을 더 재미있게 즐기기 위한 취미가 또 있는데, 넓게는 수영이고, 특히 스쿠버다이빙을 좋아한다. 여행을 다니다 보니까 두루두루 다니고 즐기려면 물을 무서워하거나 수영을 못하면 놓치는 게 많아지더라. 수영은 몇 년간 꾸준히 계속하고 있고, 작년에 스쿠버다이빙에 도전해 인도네시아에서 자격증도 따왔다. 스쿠버다이빙을 배우면서 또 여러 콘셉트의 여행이 가능해졌다. 준비된 자유가 하나 더 늘어나는 것이다.

D 원래 사진 찍는 것을 별로 안 좋아했는데 블로그를 쓰기 위해 의무적으로 찍다 보니 한국에 와서도 일상을 남길 때 자연스럽게 사진을 찍게 되었다. 또 여행 갈 때 특별히 모으는 게 있다면, 그 나라 말로 된 얇은 책 한 권씩은 꼭 사온다. 방에 쭉 쌓아놓으면 왠지 뿌듯해진다.

그리고 콜롬비아의 보고타가 고산지대여서 네덜란드에 이어 세계 2위의 꽃시장이다 보니, 온갖 화려한 꽃을 구경하고 저렴하게 사서 즐기며 꽃을 좋아하게 되었다. 남미에서 온갖 휘황찬란한 꽃을 실컷 보다가 한국에 오니, 개나리와 진달래 같은 소박한 꽃도 그 나름의 멋이 있다는 걸 새삼 깨닫게 되었다.

Q 왜 한국에서는 자신만의 자유로운 여행을 떠나는 것이 여전히 힘들고 어려운 일일까?

 K 한국의 여행 시장, 여가 문화, 더 나아가 인생에 대한 가치관에 가장 기본적으로 영향을 미치는 것은 한국의 휴가 일수가 부족하다는 사실이다. 프랑스 직장인들의 일반적인 휴가 패턴을 보면 1년에 3~4주 되는 메인 바캉스는 기본이고, 1주일 정도의 짧은 휴가가 몇 번, 자잘한 휴가는 그보다 많다. 이것은 완전히 다른 인생이다. 현재 한국의 직장인 중에 1주일짜리 휴가를 자유롭게 쓸 수 있는 사람이 몇 명이나 될까? 여가 문화의 근간이 되는 것은 결국 휴가 일수다. 프랑스 사람들은 길고 짧은 휴가를 이용해 여러 스타일의 여행에 도전해볼 수 있다. 그러나 한국에서는 직장생활 10년 만에 한 번 있을까 말까 한 1주일짜리 황금연휴를 얻었는데, 만약 자유여행을 떠났다가 삽질하고 오면 얼마나 원통할까? 자연히 검증된 패키지라는 안전한 선택을 할 수밖에 없다. 그저 가이드북에 나온 유명한 명소와 필수 먹거리 몇 가지를 맛보는 여행을 하는 것이다. 이것은 우리 삶의 질과 직결되는 중대한 문제다. 한국인의 삶이 바뀌려면 휴가 일수가 늘어나야만 한다.

Q 그래서 많은 사람이 패키지 여행 상품을 선호하나 보다.

K 그렇다. 패키지 선택의 또 다른 핵심은 저렴한 가격

이다. 자유여행을 항공 따로, 숙박 따로 준비하면 결국 패키지보다 비싸지기 때문인데, 이것은 여행에 대한 인식의 문제다. 자기가 원하는 여행을 한 번이라도 해본 사람이라면 패키지가 아무리 더 싸더라도 절대로 안 간다. 싼 게 비지떡이라고, 싸면 싼 이유가 있고, 투자하면 그만큼 얻는 게 생긴다. 자신이 원하는 즐거움을 얻고 싶다면 그에 상응하는 투자를 어느 정도 할 용의가 있어야 한다. 물론 가능한 예산 내에서 짜야 하겠지만, 밖에서 술값으로 날리는 돈에 비해 여행에 드는 비용을 너무 아끼려는 모순된 부분이 분명 있다.

D 나는 패키지를 무조건 나쁘다고만 생각하지는 않는다. 여행 루트가 획일화되는 문제점은 있지만, 공정여행 상품 등 최근에는 많이 다양해지고 있다. 현실적으로 초보 여행자가 자유여행에 접근하는 건 생각보다 어렵다. 나의 회사 동료도 이번에 태국으로 여행을 가는데 처음으로 자유여행을 선택하면서 굉장히 오랜 시간을 고민하더라. 한국인이 외국여행을 대중적으로 접하고 쉽게 용기를 내서 갈 수 있게 된 지가 얼마 안 되었다. 의외로 많은 사람이 여행을 쉽지 않게 생각하는 데는 심리적인 요인이 가장 큰 것 같다. 여행을 자유롭게 할 수 있는 나이는 스무 살 성인이 된 이후이기에, 그 전까지 규칙에만 익숙했던 학생이 갑자기 성인이 되어 많은 자유가 주어졌을 때의 충격과 비슷하다.

또 우리처럼 사회적으로 스펙 따지는 사회에서는 여행 갈 여유가 없다. 대학 등록금이나 현실적인 문제 때문에 여행을 섣불리 결심하지 못하는 사람도 주변에 많다. 그래도 언젠가는 떠나고 싶다는 생각은 누구나 하기 때문에, 그런 욕구를 최초로 풀어줄 수 있는 여행 방식으로 패키지는 어쩔 수 없는 선택이다. 노약자, 부모님을 모시고 가는 여행에도 자유여행은 장벽이 많다. 이번에 가족들과 동남아 여행을 처음으로 가는데, 나름 전문가인 내가 직접 루트를 짜봐도 쉬운 일이 아니더라. 특히 인터넷을 검색해보면 대부분의 여행 블로그 후기는 이미지를 보여주는 것에 불과하고 구체적인 정보가 없어서 루트를 짜기에는 부족한데, 이런 게 자유여행이 어려운 이유다. 가장 중요한 것은 패키지냐 자유여행이냐보다는 여행자로서 어떤 태도를 가지고 여행하느냐라고 본다.

Q 자유여행의 일반적인 두려움을 탈피하고 생산적인 여행을 하기 위한 마음가짐을 가질 수 있도록 조언해달라.

K 살아가면서 자신이 뭘 원하는지 모를 때, 우리는 불행해진다. 여행도 똑같다. 원하는 게 뭔지 모르기 때문에 자유여행을 하지 못하고, 막상 자유여행을 떠나도 패키지와 똑같은 루트를 돌고, 무슨 테마를 잡아야 할지도 모른다. 하지만 나쁜 책을 읽는 것과 책을 아예 안 읽는 것 중에 그나마 나쁜 책이라도 읽는 게 나은 것처럼, 여행도 아예 안 가는 것보다는 패키지라도 일단 다니면서 자신에 맞는 스타일을 천천히 찾아갈 수도 있다고 생각한다. 두려워하지 말고 시작해보자.

D 내 성향이 리얼리스트 쪽이라 여행하면서 좀 더 냉정한 진실을 바라보는 방법을 많이 배운다. 이것이 내가 여행지를 감성적으로 예쁘고 아름답게만 묘사하지 못하는 이유이기도 하다. 요즘 인터넷이나 책으로 나오는 여행기를 보면 아름답고 행복했던 얘기만 있을 뿐 그 이면에 담긴 사람들의 진짜 삶의 얘기는 잘 볼 수 없는데, 그런 여행 에세이에는 별로 공감이 안 된다. 여행을 단순히 관광으로만 여기고 즐기는 것을 넘어서서, 다른 각도로 생각할 수 있는 소중한 계기로 삼았으면 한다. 그로 인해 자신의 삶과 생각도 바뀌는 멋진 경험을 하게 될 지도 모르니까 말이다.

처음 이 책의 출간 기획서를 작성한 때가 2011년 봄이니, 어느덧 2년이 훌쩍 흘렀다. 출간 일정이 기약없이 늦어지는 사이에 몇 번의 여행을 더 다녀왔고, 본의 아니게 이 책에 소개한 노하우의 유효성을 다시금 검증하는 시간을 가질 수 있었다.

사실 이 책에서 제시하는 스마트한 나만의 자유여행법이 결코 쉽고 편한 길은 아니다. 클릭 한 번으로 완벽한 패키지 상품을 구매할 수 있는 요즘 같은 세상에, 준비 단계부터 여행 이후까지 더 많은 노력과 투자를 해야 하는 여행을 선택하는 것은 매우 어려운 일이다. 그럼에도 불구하고 '똑똑한 여행'을 떠나야 하는 이유는 여행에서 더 좋은 것들을 많이 만나고 돌아올수록 우리의 현재와 미래를 좀 더 풍성하게 꾸려갈 수 있기 때문이다. 이러한 여행을 설계하기 위해 반드시 준비해야 하는 몇 가지를 이 책을 통해 알려주고자 했다.

지난 6년간 운영한 여행 전문 블로그에는 그간 연재했던 여행기를 읽은 방문자들이 댓글로 많은 질문을 해온다. 교통편이나 호텔 예약 같은 실질적인 질문도 많지만, "이런 식으로 여행을 가려면 뭐부터 준비해야 해요?”와 같은 본질적인 질문도 적지 않았다. 특히 나와 비슷한 또래의 직장인들이 짧은 휴가를 이용해 알찬 여행을 가고 싶은데 그 방법을 몰라서 난감하다는 질문을 받을 때가 가장 안타까웠다. 여행은 단순히 취미나 휴양이 아니라 미래를 위한 투자이자 멋진 아이디어를 얻을 수 있는 기회이다. 살아가면서 몇 번 되지 않는 소중한 기회를 빛나는 순간으로 바꾸고자 하는 사람들을 위해, 그동안 블로그로는 설명할 수 없었던 디테일한 여행의 준비 과정과 추천 스팟을 이 책을 통해 나누고자 노력했다. 부디 내 뜻이 잘 전달되었기를.

이 책이 나오기까지 철없는 딸이 예고 없이 꾸리는 여행가방을 언제나 말없이 들어주셨던 부모님께 가장 먼저 감사의 인사를 전한다. 10여 년간 여행지에서 만난 수많은 길 위의 모든 인연들, 처음 여행업계에 입문해 글과 여행의 기본을 배웠던 월간지《AB-ROAD》에게도 감사드린다. 오랜 책 준비 기간 동안 응원해준 친구들과 지인들, 회사 동료들, 마지막으로 우여곡절이 유난히 많았던 초보 작가의 원고 작업을 신속하게 진행해주신 출판사와 에디터님께 감사의 마음을 전한다.

삶을 디자인하는 성공 비즈니스 여행기

스마트한 여행의 조건

초판 1쇄 인쇄 2013년 3월 18일
초판 1쇄 발행 2013년 3월 25일

지은이 김다영
펴낸이 이범상
펴낸곳 (주)비전비엔피 · 이덴슬리벨

기획 편집 이경원 박월 신주식
디자인 최희민 김혜림
영업 한상철
관리 박석형 이다정
마케팅 이재필 김성화 김희정

주소 121-865 서울시 마포구 잔다리로7길 12 (서교동)
전화 02)338-2411 | **팩스** 02)338-2413
이메일 visioncorea@naver.com
블로그 blog.naver.com/visioncorea

등록번호 제313-2009-96호

ISBN 978-89-91310-47-6   13980

· 값은 뒤표지에 있습니다.
· 잘못된 책은 구입하신 서점에서 바꿔드립니다.

「이 도서의 국립중앙도서관 출판시도서목록(CIP)은 e-CIP홈페이지(http://www.nl.go.kr/ecip)와 국가자료공동목록시스템(http://www.nl.go.kr/kolisnet)에서 이용하실 수 있습니다.(CIP제어번호: CIP2013001354)」